食品工場の空間除菌

製造室のカビ・酵母対策

NPO法人 HACCP実践研究会 空間除菌部会

幸書房

食品工場の調査で最も多く検出されたカビについて

	カビ学名（俗名）	培地写真	顕微鏡写真
1	*Cladosporium*（クロカビ） 大気中に最も多く存在するカビで，汚染すると一番事故が多い		
2	*Penicillium*（アオカビ） 製造室のどこでも検出され乾燥に強いカビ		
3	*Aspergillus*（コウジカビ） 耐乾性で中〜高温に強くアオカビとほぼ同じ性質		
4	*Eurotium*（カワキコウジカビ） 和洋菓子，製餡工場等糖分の高い製品を扱う環境に存在して汚染するカビ		
5	*Wallemia*（アズキイロカビ） 好乾性カビで食品汚染するとあずき色〜茶色になる		
6	*Fusarium*（アカビ） 好湿性でカビ毒を産出する種もある		
7	*Aureobasidium*（黒色酵母様菌） 好湿性，黒色の菌糸と無色の胞子を産生する酵母でなくカビである		
8	*Rhodotorula*（赤色酵母） 水系環境に多く存在する主要酵母，赤色着色汚染する		
9	*Candida*（酵母） 出芽型細胞，抵抗力低下で感染する ヒトの常在酵母		

食品工場における清潔作業区域の空中浮遊菌調査判断基準（目安）

(清潔作業区域の室内空気汚染の目安とお考えください)

評価	ランク	浮遊菌数	コメント	培地写真
－	A	3以下	極めて清浄 このままを維持してください。	
＋	B	10以下	カビは比較的少ないが、これ以上増やさない対策を講じてください。	
＋＋	C	50以下	カビが多くなりつつある状況です。計画的な除菌対策を講じてください。	
＋＋＋	D	50以上	予想以上に多いカビ汚染です。計画的な清掃作業を発生源の可能性が高いエアコン周り中心に実施し、除菌対策をしてください。	

（注）エアーサンプラー（空中浮遊菌測定器）測定による100L中に存在する真菌数を示す。
　　上記表はNPO法人カビ相談センター様の指導目安です。

食品工場における清潔作業区域の付着菌調査判断基準（目安）

（清潔作業区域の室内空気汚染の目安とお考えください）

評価	ランク	付着菌数	コメント	培地写真
－	A	0 － 4	極めて清浄 このままを維持してください。	
＋	B	5 － 10	カビは少なくて清浄 カビを確認できますがこのままで問題ありません。	
＋	C	11 － 20	埃などの影響で多少カビが多い．時々埃の除去清掃を実施してください。	
＋＋	D	21 － 50	カビが多くなりつつあり。汚れや埃などに注意し早めに清掃作業をしてください。	
＋＋	E	51 － 100	埃やカビが多い，汚染の前兆です。計画的な清掃作業とカビに対する除菌対策を実施してください。	
＋＋＋	F	101 以上	予想以上のカビ汚染です。速やかにカビ除去対策を専門業者に依頼してください。	

（注）綿棒による拭取り面積　10cm×10cm ＝ 100cm^2
　　　上記表は NPO 法人カビ相談センター様の指導目安です。

本書の推薦

　食品製造環境はいうまでもなく製造を管理するものにとって最も衛生を意識する場であり，常に気を配っている。しかし，時として消費者への信頼を欺くことがある。本来衛生的な環境と判断している場での食品事故は，そのイメージを長く持ち続けることとなる。とりわけ環境で起こる事故の多くは空気である。その空気と微生物の関係について具体的な事例を含めて解説したのが本書である。

　本書の特徴は，食品製造環境での事故原因は空気であり，その空気対策に焦点を合わせているところである。机上論ではなく現場を知り尽くした専門家によってきわめて詳細かつわかりやすく執筆されていることも特徴である。そこで本書の構成を改めて読み解いてみたい。

　第1章では副題にもあるが，空気質は食品の安心安全のバロメータであること，そこにはフィルタの特性や保守点検の重要性をまとめており，空気質への影響が極めて大きいということを紹介している。

　第2章では空気環境として製造現場周辺でのHACCP導入と実際事故例の多いカビや昆虫問題を取り上げ，空気環境の「見える化」による空気診断事例を数多く紹介している。

　第3章ではより具体的な事例として空間噴霧による空気清浄化を取り上げ，今まで経験してきた食品製造環境13事例の結果を元に詳しく考察している。この具体的な空間噴霧事例こそ生きた情報といえる。

　最後に特論として空気管理の設備計画に携わってきた経験から設備管理の重要性を環境やハード，さらにゾーニングや動線などかなり専門的視点で指摘している。

　本書の構成は，それぞれ異なった立場から指摘しており，それを総合的に理解しやすい構成でもある。とかく食品製造環境での事故はここで述べたことを見落としたがために発生することが多い。その意味では現場での実用書でもあり，おおいに活用していただきたい。私の専門とする食品危害カビと本書の関係は，製造環境で普段見えない空気環境のカビ対策できわめて貴重な情報を網羅しており，是非お薦めしたい実用書である。

2017年4月

NPO法人 カビ相談センター

高 鳥 浩 介

はじめに

　食品業界では，安全で安心な食品を製造・提供するために，日々努力を重ねている。しかし食品事故やクレームは，フードチェーンの拡大と複雑化で，これも経験しているところである。食品事故は一旦起きるとその影響は大きく，会社の信用の失墜や多大な回収費用など，事業への負担は想像以上のものとなる。

　消費者の安全に対する目は厳しくなっており，さらに情報の伝達もSNSなどを通じて，真偽の程もわからないうちに伝わってしまうという危うさをはらんでいて，消費者対応などは，非常にデリケートなものとなっている。

　NPO法人HACCP実践研究会では，20年にわたり，「HACCP実務者養成講座」を開催し，延べ1000名を超える実務者を世に送り出してきた。しかし，全般的な衛生レベルの向上にもかかわらず，施設内での危害が減らない，製品ロスが多い，消費期限の延長の要望という流れの中で，食品施設の空気中に漂うカビ・酵母について，非常に重要なテーマであるにもかかわらず，手薄であったことに思い至った。

　そこで当会の専門技術者を中心に，空気中の「カビ・酵母」の除菌についての研究部会を立ち上げ，2年にわたり意見交換を行ってきた。本書は，その内容を基礎に，空気中に漂う危害要因除去をどのように実施すればよいか，それぞれの専門に分かれて執筆したものである。

　執筆のユニークな観点としては，「空気も食品原料のひとつ」として捉えているところである。執筆者の思いとしては，それほどに食品に触れる「空気の質」が，食品の安全には非常に重要だということを理解して欲しいということなのである。

　本書の構成は，「推薦文」を頂戴した高鳥浩介先生の紹介に端的にまとめられているので，詳細は割愛させていただくが，第1章のフィルタの理論と選択，第2章の危害要因の「見える化」と空調設備の洗浄，第3章の「安定型アルカリ次亜水」を用いた空間除菌，そして特論では，建築の「外乱」に左右される建築設備・空調換気を記述しており，全体として，これまでにない視点で食品施設の「空気」「製造環境」に対する「見る目」を読者の皆さんに提供しているはずである。

　食品製造環境は，扱う食品の特性によって様々で，コストを含めて一度にすべてを満足することは困難であるが，本書をきっかけとして，自社の「空気の質」に関心を持ち，「空気の流れ」「空気を洗う」をテーマに，製造環境整備に取り組まれることを切に願うものである。

　最期に，巻頭の「清潔作業区域の付着菌・浮遊菌の調査判断基準」をご提供いただいた，「NPO

はじめに

法人カビ相談センター」高鳥浩介先生に改めて感謝申し上げる次第である。

2017年4月

NPO法人 HACCP実践研究会 事務局長

宇 井 加 美

目　　次

第1章　食品加工場の空気質改善のための最適フィルタ
　　　　―「空気質」は「食品の安全・安心」保持の必須条件― ……………………… 1

1. 食品と空気環境との接点 ……………………………………………………………… 1
2. 食品工場における「空気質および換気」に関する要求事項 …………………… 2
   2.1 食品工場の「空気質」の重要性を言及した，食品安全の国際規格（FSSC22000）とは … 2
   2.2 空気は食品の重要な副原料 ……………………………………………………… 4
   2.3 食品製造プロセスにおける「空気質」に関する重要ポイント ……………… 5
      2.3.1 排熱のための空気の換気 …………………………………………………… 5
      2.3.2 ゾーニング計画に沿った気流の流れの構築 ……………………………… 5
      2.3.3 放冷・冷却，充填・包装室の空気清浄度管理 …………………………… 6
      2.3.4 清浄度を確保するクリーン化システム …………………………………… 7
      2.3.5 空調機および空気清浄器のメンテナンス ………………………………… 8
   2.4 食品工場の特殊性による給排換気システムの重要性 ………………………… 9
3. 外気取込空気に含まれる危害物質の除去技術 ……………………………………10
   3.1 食品工場周囲の室外環境の実態 …………………………………………………10
   3.2 エアフィルタは食品加工場の清潔保持の要 ……………………………………11
      3.2.1 エアフィルタの定義とその捕集メカニズム ………………………………11
      3.2.2 エアフィルタの選択と注意点 ………………………………………………14
      3.2.3 エアフィルタの生物学的性能検証 …………………………………………16
4. 食品工場向けフィルタおよびシステム機器 ………………………………………19
   4.1 食品工場向けフィルタについて …………………………………………………19
      4.1.1 抗菌フィルタについて ………………………………………………………20
      4.1.2 防カビフィルタについて ……………………………………………………21
      4.1.3 省エネ・ろ材交換型長寿命フィルタについて ……………………………23
      4.1.4 防虫フィルタについて ………………………………………………………25
   4.2 粉体材料取扱施設（高濃度塵埃環境）対応フィルタシステム ………………26
   4.3 食品工場向けクリーン化対策機器 ………………………………………………28

4.3.1	食品加工場の「入口」に関連する機器 (1) ―エアシャワー	29
4.3.2	食品加工場の「入口」に関連する機器 (2) ―クリーンロッカー	30
4.3.3	食品加工場の「入口」に関連する機器 (3) ―光触媒, パスボックス類	31
4.3.4	食品加工場の「中＝室内」に関連する機器―差圧ダンパ, クリーンブース類	32

5. フィルタシステムの保守管理 ……33
　5.1　フィルタ定期メンテナンス ……33
　5.2　フィルタメンテナンスの手順と留意点 ……34
　5.3　製造環境のチェックポイント ……37
　5.4　フードディフェンスへの補助効果 ……38

第2章　空気環境の危害分析と空気清浄管理によるカビ汚染防止 ……39

1. 食品工場の「空気質」管理 ……39
2. 正常な「空気質」を確保するための要件とは ……40
　2.1　食品の安全性確保は, カビとの戦い ……40
　2.2　エアコン分解洗浄による空気質の検証例 ……40
　2.3　食品製造・加工段階の空気に求められる「質」 ……42
　2.4　空気の食品に対する安全性確保 ……42
3. 空気環境の危害要因分析―HACCP手法の導入と実際 ……43
　3.1　危害要因分析に取り組むための要件を確認する ……43
　3.2　真菌汚染リスクマネジメントの導入の実際 ……44
　3.3　導入手順を基に, 真菌汚染リスクを診断した事例 ……44
4. 空気質の管理を基礎としたクリーンエリアの管理 ……49
　4.1　重要なクリーンエリアコントロールの中心は空気である ……49
　4.2　思い込みによるクリーンルームの弱点と基本要件 ……49
　4.3　クリーンブース運用時の不備が招いた真菌汚染リスク事例 ……51
　4.4　バイオバーデン（環境微生物負荷）のコントロールと管理の文書化 ……54
　4.5　クリーンエリア―5つの洗浄殺菌作業実施例 ……54
5. 昆虫管理で素早い問題解決―カビが呼び寄せるチャタテムシ ……58
　5.1　昆虫は食品製造環境のインジケーター ……58
　5.2　チャタテムシなどを指標にしたカビ対策 ……59
　5.3　サニテーション・マネジメント事例―飲料工場のカビ除去とチャタテムシ ……60
6. 空気清浄管理システムの構築 ……63

- 6.1 リセット洗浄結果をベースとした管理基準値の設定 ……63
- 6.2 リセット洗浄に付随して関連する項目を整備 ……63
- 6.3 管理基準値設定・運用ができなければ，その場限りの改善と同じこと ……65
- 6.4 改善後の検証で改善効果の持続性を確認する ……66
- 6.5 多面的な視点から答えを導くインスペクション ……68
- 6.6 空気環境を「見える化」する空気診断事例 ……70
  - 6.6.1 診断結果から見えた「思い込み」 ……71
  - 6.6.2 「外気取り入れ機械室の空気質向上」改善策 ……72
- 6.7 包装工程クリーンルームの空気診断 ……72
  - 6.7.1 包装工程の診断結果から見えてきた問題点 ……72
  - 6.7.2 具体的な改善策 ……72
- 6.8 おわりに ……74

第3章 空間噴霧による空気清浄化技術 ……75

1. 食品工場の清潔作業空間の清浄度 ……75
2. 空間除菌剤としての「食添・ピースガード」（P'sG）の特徴について ……77
3. P'sG「安定型アルカリ次亜水」の安全性について ……79
4. P'sG のカビ胞子に対する殺菌効果 ……79
5. P'sG を使ったエアコンから吹き出すカビ胞子の殺菌 ……82
6. P'sG を用いた食品加工場13箇所の清潔作業空間で実施した空間噴霧除菌事例 ……85
   - 事例 1 大豆と玄米加工食品工場 ……86
   - 事例 2 水産練製品製造工場 ……88
   - 事例 3 和菓子製造工場 ……89
   - 事例 4 畜肉加工場（とり唐揚げ製造） ……90
   - 事例 5 魚卵加工場 ……92
   - 事例 6 冷凍麺製造工場 ……93
   - 事例 7 しらす加工場 ……94
   - 事例 8 水産加工場（笹かま，ちくわ，蒲鉾等の水産練製品製造） ……95
   - 事例 9 明太子製造工場 ……96
   - 事例 10 畜肉，水産加工場 ……97
   - 事例 11 惣菜具材保管庫 ……98
   - 事例 12 惣菜製造工場 ……99

  事例 13 カット野菜工場 …………………………………………………… 100
7. 食品工場の環境実態調査に伴う注意点 ……………………………………… 101

特論 食品工場の空気管理のための建築・設備計画の考え方 ……………… 103

1. 換気空調設備計画の前に考えるべきこと …………………………………… 103
 1.1 建築物に影響を及ぼす「外乱」 …………………………………………… 103
 1.2 外乱を緩和する対策 ………………………………………………………… 104
  1.2.1 建築物と方位 …………………………………………………… 104
  1.2.2 建築物と雨・雪 ………………………………………………… 105
  1.2.3 建築物への気温・湿度の影響 ………………………………… 105
  1.2.4 建築物と日射 …………………………………………………… 106
  1.2.5 建築物と地中温度 ……………………………………………… 108
  1.2.6 建築物と気圧 …………………………………………………… 108
  1.2.7 臭気と移り香 …………………………………………………… 108
  1.2.8 粉塵と工場内の清浄度 ………………………………………… 109
  1.2.9 建築物と塩分 …………………………………………………… 109
  1.2.10 生物の建物への侵入 …………………………………………… 110
  1.2.11 微生物の侵入 …………………………………………………… 112
  1.2.12 構造体蓄熱 ……………………………………………………… 112
  1.2.13 構造体透湿 ……………………………………………………… 113
 1.3 内部環境を維持するために必要なことは ………………………………… 113
  1.3.1 ゾーニング計画 ………………………………………………… 114
  1.3.2 動線計画 ………………………………………………………… 115
  1.3.3 ドライシステム ………………………………………………… 117
  1.3.4 建築計画 ………………………………………………………… 118
2. 作業エリア別室内条件とその理由 …………………………………………… 126
 2.1 室内有効天井高さ …………………………………………………………… 126
 2.2 温熱環境条件 ………………………………………………………………… 127
 2.3 照度条件 ……………………………………………………………………… 129
3. 作業エリア別換気空調計画のポイント ……………………………………… 129
 3.1 汚染作業区域 ………………………………………………………………… 130
  3.1.1 入荷前室 ………………………………………………………… 130

	3.1.2 原材料倉庫 ……………………………………………………	131
	3.1.3 下処理室 ………………………………………………………	133
	3.1.4 下処理済冷蔵庫 ………………………………………………	135
	3.1.5 ゴ ミ 庫 ………………………………………………………	136
	3.1.6 包材倉庫 ………………………………………………………	136
	3.1.7 製品保管庫 ……………………………………………………	137
	3.1.8 出荷前室 ………………………………………………………	138
3.2	準清潔作業区域 ………………………………………………………	139
	3.2.1 加熱調理室 ……………………………………………………	139
	3.2.2 仕 分 室 ………………………………………………………	140
	3.2.3 内番重洗浄室 …………………………………………………	141
3.3	清潔作業区域 …………………………………………………………	141
	3.3.1 冷 却 庫 ………………………………………………………	141
	3.3.2 盛付包装室 ……………………………………………………	142

4. 特筆すべき換気空調システム ………………………………………………… 142
  4.1 外気温調システム ……………………………………………………… 142
    4.1.1 外気温調システムとは ………………………………………… 142
    4.1.2 外気温調システムの必要性 …………………………………… 143
    4.1.3 外気温調の方法 ………………………………………………… 143
  4.2 置換換気システム ……………………………………………………… 145
    4.2.1 置換換気システムとは ………………………………………… 145
    4.2.2 置換換気システムの特徴 ……………………………………… 145
    4.2.3 食品工場での採用のメリット ………………………………… 145
    4.2.4 食品工場での採用例 …………………………………………… 147
  4.3 ソックチリングシステム ……………………………………………… 147
    4.3.1 ソックチリングシステムとは ………………………………… 147
    4.3.2 ソックチリングシステムの特徴 ……………………………… 148
    4.3.3 中食工場での採用のメリット ………………………………… 149
    4.3.4 ソックフィルタのバリエーション …………………………… 150
    4.3.5 中食工場での採用例 …………………………………………… 150

5. お わ り に ……………………………………………………………………… 151

第1章　食品加工場の空気質改善のための最適フィルタ
―「空気質」は「食品の安全・安心」保持の必須条件―

1. 食品と空気環境との接点

きれいな環境での「モノ作り」の原点であるクリーン化技術は，今や多くのハイテク産業分野では必要不可欠の技術として多用されている。一方，微生物汚染管理が必須である「医薬・医療・食品分野」にも応用され，多くの医薬・食品企業および医療施設等で何らかの形でバイオロジカルクリーンルーム（BCR）技術が採用され効果を出している。食品分野においては，図1.1に示すように，クリーン化技術の必要性が増大している。

「食の安全・安心」の原点は，食品を消費者が喫食するまで可能な限り品質の低下を防ぐことにある。

食品の腐敗や変質は，
① 生物学的異物（カビ菌，食中毒菌，腐敗誘発菌，その他有害微生物など）の付着・混入によるもの
② 酵素反応（酸化・分解）によるもの
③ 化学反応（自己酸化・発酵）によるもの
④ 物理物反応（組織変化，劣化）によるもの

の4つの原因で発生する。

一方，このような腐敗や変質の防止には，
① 温度（低温冷蔵，加熱処理）管理
② 乾燥などの低水分化
③ 塩分，糖分，およびほかの添加物での調整
④ 脱酸薬剤などの二次対策
⑤ 無菌包装化

などの技術で対応している。

しかし最近は，「健康」を謳った低塩化，低糖化，無添加物食品，自然食品なども求められており，上記対策のみでは「食の安全・安心」を守るのが困難となってきている。そのため，加工プロセスや製造環境そのもの（特に空気に関して）の見直しが始まっている。空気中にはカビ・酵

---

1. **消費者の食生活の多様化やグルメ指向**
   食品の風味や安全性に対する高いクオリティの要求

2. **食品（加工）製造**
   ① 食品添加剤の安全性評価と無添加移行
   ② 製造工程の衛生管理徹底
   ③ 有害物質（薬剤・微生物）混入防止と清潔性向上を目的とした環境制御システムの導入とそのレベルアップが最重要課題

3. **食品製造から流通までの各プロセス**
   製造／包装／保管／物流／陳列に至るまでの衛生管理（HACCP）の導入

4. **製品の品質向上と消費期限／賞味期限の延長を図るフードテクノロジーシステムの構築**

図1.1　食品工業におけるクリーン化技術の必要性

母などのカビや微生物が浮遊しており，食品自体に直接接触し混入することで，商品として出荷された後に，カビ，異臭などのクレームとして，商品の回収に至るような事故が起きている。

こうしたことから「空気質」が如何に重要なものであるかが，改めて認識されるようになってきたのである。

2. 食品工場における「空気質および換気」に関する要求事項

2.1 食品工場の「空気質」の重要性を言及した，食品安全の国際規格（FSSC22000）とは

食品事業者はHACCP導入に際して，**表1.1**[1]記載の一般的衛生管理項目をベースにそれぞれ独自の社内規準を作成して運用している。しかし，HACCPシステムの基本である食品衛生法第50条第2項に示す「施設，基準や管理運営基準」や総合衛生管理製造過程（マル総）には，一般的な要求事項は記載されているものの「空気質」に関する具体的な記述はなく，管理項目の実施レベルの現状は従業員の手洗い励行基準や製造装置からの異物発生防止など，主に「見える範囲」での対応にとどまっている。

一方，目に見えない微生物が浮遊する製造現場の空気質の向上などについては，食品施設では重要な管理ポイントであるにもかかわらず，空調というハード技術の一つとして，これを取り扱う工務や施設部門の問題としてとらえられており，製造現場は関心が薄いのが実態である。

こうした空気質の盲点を是正し，HACCP手法の前提条件プログラムを見直したのがFSSC22000（ISO22000 + ISO/TS22002-1）である。この規格は新国際規格として2009年制定され，現在大手食品メーカーで採用されはじめている。**図1.2**[2]に従来のHACCPにISO，FSSC22000を補足して構築した食品安全規格の相関図を示す。FSSC22000ではその第6章に「食品製造施設の空気・水・エネルギーなどのユーティリティーに関しての管理項目」を明確に定め，6・4項には食材原料または製品に直接接触して使用される空気質の重要性に言及している。その具体

表1.1 食品製造における一般的衛生管理要件[1]

① 施設・設備の衛生管理—施設・設備の設置と清掃の仕方
② 従業員の衛生教育—きれいにする理由を伝え，動機づけをする
③ 施設・設備，機械器具の保守点検—作業道具を使いやすく壊れないようにする
④ 鼠族・昆虫の防除—ネズミや昆虫が場内に侵入しないようにする
⑤ 使用水の衛生管理—健康上問題のない，きれいな水を使う
⑥ 排水および廃棄物の衛生管理—汚水やゴミを早く捨てる
⑦ 従業員の衛生管理—作業する人は健康に注意して，身だしなみを整える
⑧ 食品等の衛生的取扱い—食材をきれいに扱い，有害微生物を増やさない
⑨ 製品の回収プログラム—クレームや製品への苦情・問い合わせが来たときに，即時に対処および回収できる仕組みを用意しておく
⑩ 製品等の試験検査設備等の保守管理—温度計やチェックに使う道具を正確に管理する

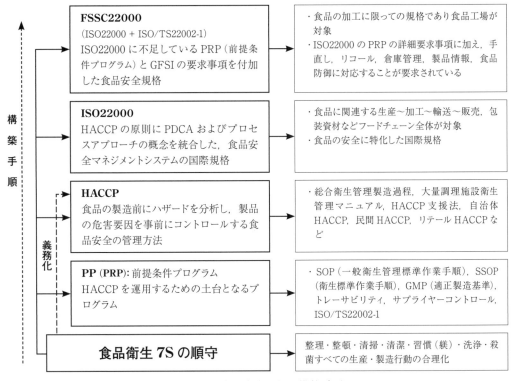

図1.2　食品安全規格の構築手順

な管理項目について概略を述べる。

6·4項で検討すべき管理項目として，①「取り込み外気の管理」と②「食品加工エリアごとの室内管理」について言及している。したがってこれらはそれぞれの製造する製品への影響度合いを考慮して，その基準を決めて実施すればよいことになる。具体的には，①「取り込み外気の管理」については，外気取り入れ場所をチェックし，危害となる要素を見出し，工場周辺の環境と製造する製品への影響を勘案したうえで適正フィルタを選定して管理レベルを検討する，とし，②「食品加工エリアごとの管理」としては，エリアごとの清浄度，室圧や空気の流れ，温湿度，塵埃等の管理を決めて実施することを求めている。

また，6·5項では「圧縮空気及び他のガス類」についても言及しており，特に圧縮空気が直接製品に接触する可能性がある場合には，圧空専用のフィルタで空気内の油分除去を求めている。

食品工場の空気の質に関しては，FSSC22000では上記6·4と6·5の2項目で言及しており，審査対象としても今後厳しく対応を求められるのではないかと思われる。

これが本章で述べる，食品工場における空気質管理についての拠り所となる規格である。図1.3[3]にISOの食品工場のユーティリティーへの一般要求事項を示す。また，図1.4[3]に同じくISOの食品工場の空気の「質」および「換気」への要求事項を示す。図1.4に示す通り，食品

食品工場のユーティリティーへの一般要求事項 ISO/TS 22002-1：2009　要求事項（6章）より (1) 加工及び保管区域周辺へのユーティリティー（空気・水・エネルギー）の備蓄及び供給ルートは生物学的及び化学的ハザードによる製品汚染のリスクを最少にするように設計されなければならない (2) ユーティリティーの「質」は製品汚染のリスクを最少にする為に監視されなければならない	材料，又は製品に直接接触して使用される空気のろ過，湿度の安全性，空気の流れを含めた工場内空気の適切性とモニタリングおよび管理 管　理　項　目 ① 外気の取り込み口の空気質と設備の管理 ② 加工室全体の空気質と設備の管理 ③ 管理ポイント 所定フィルタの設置とそのメンテナンス，CR管理，陽圧管理，空気質の実態評価など
図1.3　食品安全のための前提条件プログラム	図1.4　食品工場の空気の「質」および「換気」への要求事項

　工場の空気の質は，食品加工工程では重要であり，「空気は食品の大切な副原料である」ことの認識が必要である。

2.2　空気は食品の重要な副原料

　前述した通り，空気は目に見えないことから，その重要性は認識していても，実践レベルでは大部分の食品工場では無頓着なケースが多い。時々依頼されて行う工場視察時で感じることは，空気の室内清浄度は管理されていても，気流方向や室内陽圧管理は曖昧で，特に工場内に清浄空気を供給する外気処理用フィルタのメンテナンスが不十分なことが目につく。これが製造現場に様々な悪要因として多くのトラブルを発生させているのが現状である。したがって，食品工場において「空気は食品の重要な副原料である」ことの認識を関係者一人ひとりが持つことが重要である。以下その認識のポイントについて示す。

① 水は法的に管理されているが，空気の管理は出来ていないところが多い
　　・「空気」をどの様に管理すれば良いのか分からない！　……見えないから？
　　・「空気」を管理するものだと気付いていない！　……見えないから？
② 「空気の管理」が出来ていない所は，二次汚染が多く，クレームが減らない
　　・現場からの二次汚染は，ほとんど空気の管理の問題である
③ 「空気を管理」するためには，最初の設計にサニタリーデザインの発想が必要
　　・きれいな空気を工場内に入れるという発想のない食品会社は，危害分析（hazard analysis）の再解析が必要
④ 「空気の管理」は給気と排気が重要
　　・きれいな空気を入れて，処理された空気を排出することが大切
　　・給気と排気の空気バランス崩れが「結露」を招く
　　・結露の発生 ➡「カビ」の発生 ➡ 食品事故に直結

⑤ 「空気の管理」をしていないと，施設や，装置やその他に多くの問題が出て，結果として「食品の安全・安心」に影響を及ぼすという認識が重要

などである．

2.3 食品製造プロセスにおける「空気質」に関する重要ポイント

食品工場の製造プロセスにどのように空気が関与するかを知ることは「空気が食品の重要な副原料」ということに気づく第1歩である。

2.3.1 排熱のための空気の換気

食品工場は**図 1.5**に示すように，「焼く」，「蒸す」，「煮る」，「揚げる」，「炊く」等の加熱調理が大分部である。したがって食品工場の管理点は多くの場合，排熱のための空気の換気であり，特に作業場の陽圧確保のために，排気量以上の外気導入が必要となってくる。また，取り込み外気は適正なフィルタを用いて，空気中の除塵・除菌されたクリーンな空気として供給されることが重要である。

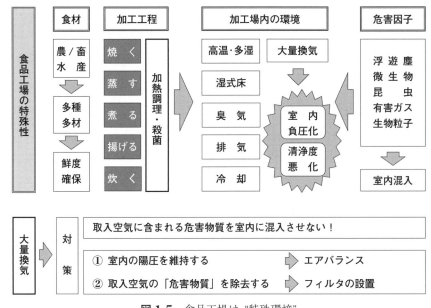

図 1.5 食品工場は"特殊環境"

2.3.2 ゾーニング計画に沿った気流の流れの構築

HACCP対応の食品工場にするため，作業の内容によって清潔度合いを区分（ゾーニング）する必要があり，そのゾーニングに見合ったクリーン化技術を採用しなければならない。ゾーニング計画には，清浄度区分と陽圧レベルを考慮し，適切な気流の流れを構築する必要がある。**図 1.6**に食品工場のゾーニングと室圧と理想的清浄度について示す。なお気流は清浄度の高い（陽圧度

■室圧の概念図

区　分	清潔区域 (+++)	>	準清潔区域 (++)	>	汚染区域 (+)	> 工場外
工　程	放冷, 調整, 包装工程		加工, 熱加工工程		下処理, 材料保存	
清浄度	ISO 5, 6, 7 Fed (100～10,000)		ISO 8 Fed (100,000)		ISO 8 以上 Fed (300,000)	
落下菌	30 個以下		50 個以下		100 個以下	

■理想的な室圧差

隣室との関係	差圧 Pa
清浄クラスの異なる CR*間	5
CR とクリーン廊下, 更衣室等	5～10
クリーン廊下, 更衣室等と一般室	10
CR と一般室	15～20

＊ CR：クリーンルーム

・食品工場は直列工程が多いので工程ゾーニング計画が重要
・最重要は梱包工程で (+++)

清潔区域は隣室や外部からの粒子や菌類の侵入を防止するために陽圧化（+）する（室圧を他より高めること）

図 1.6　食品工場の作業区間の室圧関係

が高い）方から低い方に向かって自然に流れて行くように設定する必要がある。

また，既設工場の製造製品の変更によるライン変更やライン増設の場合は，単なるハード対応のみではなく，変更や増設に見合う空気の給排システムや気流の流れも必ず考慮することが大切である。この対応を疎かにすると大きなトラブルになるので，改造時には十分に検討することが重要である。

2.3.3　放冷・冷却，充填・包装室の空気清浄度管理

食品工場の清浄度のレベルは製品内容によって異なるが，最も高い清浄度を必要とする工程は加工食品の放冷・冷却と最終製品の充填や包装工程である。これにより食品の「安全・安心」を確保するばかりでなく賞味期限延長も可能とすることができる。また，加熱工程のない消費期限の短い食品は必ず清浄な雰囲気で作業することと，定期的な微生物モニタリングをすることが重要である。マル総では，室内の微生物環境評価を「落下菌評価法」を基本評価として採用しているが，理想を言えば微生物粒子を含む空気の浮遊粉塵やピンホールエアサンプラーによる浮遊菌濃度測定や微生物の拭き取り検査など，経時変化に対応できるモニタリングの実施を推奨する。**表 1.2**[4,5] に業種別推奨清浄度を示すので参考にしていただきたい。

なお，表中の清浄度表示において ISO と Fed.Std 表示があるが，ISO 表示は ISO 規格（ISO14644-1）で示す，1 立方メートル中の粒子径 $0.1\mu m$ 以上の粒子数でクラス 1～9 まで等級化した数値である。

また，Fed.Std 表示は米国連邦規格（Federai Standard 209D）で示す 1 立法フィート中の粒子径 $0.5\mu m$ 以上の粒子数を直読した値を示す。ただし Fed. Std は，2001 年に ISO に統合され用いられ

2. 食品工場における「空気質および換気」に関する要求事項　　7

表 1.2　業種別加工室内の推奨清浄度 [4, 5]

業　種	品　目	該当工程	目標とする清潔区 清浄度 ISO	目標とする清潔区 清浄度 Fed.std-209D
食肉加工	ハム, ソーセージ類	包装前冷却, スライス, 梱包	5～7	100～10,000
食肉加工	チルドビーフ類	ローディング袋詰, 真空包装	7～8	10,000～100,000
乳製品	アイスクリーム	原料から充填キャッピングまで	6～7	1,000～10,000
乳製品	マーガリン, プリン	充填キャッピング, 包装	6～7	1,000～10,000
乳製品	牛乳, ヨーグルト	充填キャッピング	7	100～10,000
乳製品	生クリーム	充填キャッピング	7	100～10,000
飲料	清酒, ワイン	仕込み, 充填キャッピング	7	10,000
飲料	生ジュース	仕込み, 充填キャッピング	7	10,000
水産加工	かまぼこ	冷却, 乾燥, 包装	7	10,000
水産加工	ちくわ	冷却, 乾燥, 包装	7	10,000
惣菜	調理食品	計量, 充填キャッピング, 包装	7	10,000
惣菜	惣菜, サラダ	計量, 充填, 包装	7～8	10,000～100,000
パン菓子	生菓子, チョコレート	冷却, 包装, 充填	7	10,000
パン菓子	ジャム	冷却, 包装, 充填	7	10,000
パン菓子	食パン, 菓子パン	冷却, スライス, 包装	5～8	100～100,000
パン菓子	カステラ	冷却, スライス, 包装	5～8	100～100,000
パン菓子	あん	遠心分離・脱水, 味付, 充填	7～8	10,000～100,000
豆腐	包装豆腐	プレス, 冷却, 充填, シール	8	10,000
冷凍調理食品	冷凍餃子	圧延から急速冷凍まで	8	100,000
冷凍調理食品	冷凍ハンバーグ類	ラード添付, 乾燥, 包装	7～8	10,000～100,000
きのこ	きのこ	冷却, 接種, 培養	5～7	100～10,000
麺, 米飯	包装麺, パックライス	冷却, 含気包装	5～7	100～10,000
麺, 米飯	米飯	冷却, 含気包装	5～7	100～10,000
カット野菜	カット野菜	カット, 包装	8	100,000

ていない。しかし，長い間クリーンルームの世界的規格として用いられていた関係で，現在も慣用参考値として利用され表示に用いられる場合が多いので，本書では併記した。

2.3.4　清浄度を確保するクリーン化システム

食品工場の清浄度を確保する代表的なクリーン化システムを**図 1.7**に示す。空気清浄を維持

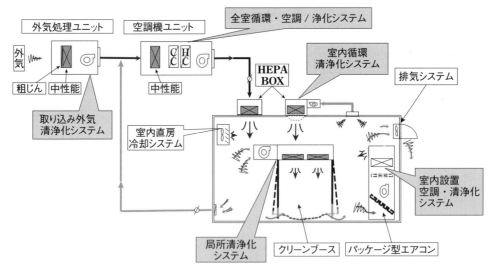

図 1.7 クリーン化（空気清浄化）システムの種類

するには対象となる作業エリアの陽圧を確保するための，① 外気処理ユニット，② 排気システム，③ 対象室の規模の大きさに応じて，大型空調機（AHU：エアハンドリングユニット）や室内設置のパッケージ型エアコンや天吊型エアコンなどを設置する空調機器類とそのシステム，④ 室内循環改善としてファン付フィルタユニットを天井に取り付け，循環させることにより，清浄度を格段にグレードアップするシステム等があり，製品に見合った環境作りの工夫を検討されたい。

一方，無菌包装を要する工程にはクリーンブースを用いて，必要なエリアをコンパクトで高度なクリーン化が可能な，「局所クリーン化（省エネ化含む）技術」の応用を推奨する。これら食品工場のクリーン化は，コストパフォーマンス思考を取り入れて検討することが大切である。クリーン化システム構築には清浄度に見合うフィルタ選定が必要だが，無菌包装工程にはHEPAフィルタを使用し，それ以外は少なくとも中性能（計数法効率 90% at 0.7μm）以上のフィルタ設置を奨めている。フィルタの選定については後述する 3.2.2 や 4.1 を参照されたい。

2.3.5 空調機および空気清浄器のメンテナンス

工場視察でいつも感じることは，空調系は作業者や製品環境に直結するので，冷・暖房・送風などの動作チェックやメンテナンスは行き届いているが，外気導入用のフィルタや天井設置のフィルタについての定期メンテナンスや清掃や交換がされているケースは少なく，意外と疎かになっていることである。時としてフィルタの使用限界を超えている事例を見ることがある。その結果，フィルタが目詰まりしフィルタ圧力損失の上昇で風が出ないとか，フィルタ破損などにより効率性能が確保できずに，空調機のフィンやダクトが汚染し，二次汚染の原因となっている。二次汚染された室内環境を復旧するには莫大な費用が発生するばかりでなく，生産中断となるケースがあるので，そうなる前の初期対策が重要である。

二次汚染では，特に始業開始時に空調機を運転する際に，空調機のフィンやダクトに付着した菌が風で飛ばされ，室内に拡散し一時的に浮遊菌数が多くなることが最近の高橋ら[9]による工場内実態調査で明らかになった。詳細については第3章を読んで頂きたい。

> **換気の目的**：特定空間の空気（質）環境を維持，または，改善するために新鮮外気を取り入れて内部空気を入れ替えること

① **室内空気の浄化**
健康や快適さ，作業能率維持，施設環境保持

② **酸素の供給**
燃焼を伴う工程の酸素補給，CO_2 排出，酸化防止

③ **熱気，水蒸気の排除**
高温・多湿の作業環境改善，これに起因しての食品腐敗，変質，変色などの防止

④ **汚染物質の排除**
有害ガス，粉塵，異臭などの浄化や希釈

図1.8 食品工場では大量の換気が必要

2.4 食品工場の特殊性による給排換気システムの重要性

食品工場は加熱調理が大部分であり，結果として加工工場内の環境は高温多湿となる。したがって，食品加工場の排熱を伴う換気操作は室内環境維持にも重要である。**図1.8** に食品工場の換気の目的について示す。

食品工場の給排換気システムで重要なのは，清浄区から気流が自然に流れていくような，排気と給気のバランス操作であり，特に大量の外気を取り込むために，外気に存在する浮遊塵，微生物粒子，昆虫，有毒ガスなどの危害物質を除去することが大切である。**図1.9** に食品加工工程の給排換気システムの注意すべき概念図について示す。

図1.9 に示した通り，建築上のハード面で重要なことは窓の開閉による自然換気や，単なる換気扉による外気の危害物質を直接取り込むことはNG（no good）である。特に換気扇は未使用時には排気シャッタが閉じられるが，シャッタレスの場合や隙間があったりすると外気との通気

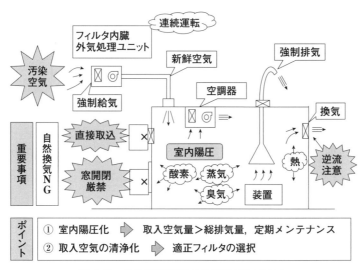

図1.9 食品加工工程の給排換気システム

や逆流があり，そこから虫の室内侵入や突風などで外の砂塵侵入のケースがあるので，開口部は必ず防虫や除塵対策が必要である。また外気の直接取り入れは結露発生要因ともなるので，設計，施工に対して十分注意が必要である。

換気操作には必ず加工工場内での「空気の流れ」が発生するので，ハード計画と同様にソフト運用も十分計画する必要がある。特に換気量の決定には，フード設計や稼働時間の適正化を図るなど，省エネに考慮した計画が重要である。また，換気により室内陰圧にならないよう十分な管理が必要である。**図1.10**に知っておきたい「空気の流れ管理」[6]のポイントについて示すので，参考にされたい。

1. 基本空気の流れ
   ・清潔ゾーン→ 準清潔ゾーン→ 汚染ゾーン
2. ゾーンと室内条件(温・湿度・生産装置排気)
3. 各ゾーン間の差圧(空気の流れ発生)
4. 差圧(陽圧)管理は空調エネルギーがかかる。
   ・排気以上の給気が必要！
5. 換気量の適正化(稼働時間を整合化→省エネ効果)
6. 運転状況で空気の流れが逆転しないこと(交差汚染)
7. 室内温度差は結露・カビの原因
   ・空調換気設備の適正計画と管理でカビ発生を防ぐ
   ・外気の直接取入は注意！ ➡ 結露の元

図1.10　知っておきたい「空気の流れ」のポイント

また，食品工場の給排換気量は大きく，そのエリアの空調をする場合には多くのエネルギーを必要とする。もし，室内の清浄度レベルを上げる必要性が出た場合には，空調系の空気量を増やすのではなく，クリーンブースなどを用いて室内循環方式とした「局所クリーン化」を検討することも重要である。

3. 外気取込空気に含まれる危害物質の除去技術

3.1　食品工場周囲の室外環境の実態

食品工場の換気に必要不可欠の外気には，たくさんの危害物質が紛れ込んでいる。外気の導入にはそれら危害物質を除去しなければならない。そのためには，まず食品工場の立地している室外環境の実態について知る必要がある。

図1.11に食品工場を取りまく屋外空気の環境について示す。図より明らかなように，工場周辺の外気は食品にとって様々な「危害物質」が存在していることがわかる。また，**表1.3**に外気中の塵埃と菌の事例について示したが，立地場所により塵埃濃度や落下菌数が大きく異なる。その差は 10 〜 100 倍である。こうしたものを一つの指標として，自分の工場の環境状態を知り危害分析（HA）をすることが重要である。

また，大気ばかりでなく，土壌調査も必要である。風により土壌が舞い上がり，結果として室内持ち込みの原因となるからでる。しかも土壌に含まれるものはカビや細菌であり，食品にとってはもっとも影響が大きい危害と言える。

3. 外気取込空気に含まれる危害物質の除去技術

表1.3 立地環境の違いによる外気中の塵埃と落下菌数

立地環境		塵埃 (0.5μm≦) 濃度 (個/f³)	落下菌数*
工業地帯		〜1億	40〜400
市街地		100万〜1,000万	5〜40
田園地帯		10万〜100万	1〜5
比　較	食品工場内	1万〜10万	0.3〜1
	クリーンルーム	1〜1万	0〜0.3

＊落下菌数：φ60mmシャーレに5分間で測定
参考：土壌1g中の微生物の量，カビ；1,000〜10,000個，細菌；100万〜1,000万個

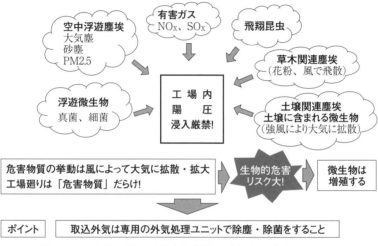

図1.11 食品工場の屋外空気環境は「危害物質」だらけ！

以上のように，食品工場の換気のために取り込む外気には，「食品の安全・安心」確保を脅かす様々な危害物質が多く含まれており，食品工場の空気質改善の適切な対策処置が必要となる，合わせて工場周辺の清掃管理などの処置も必要である。

3.2　エアフィルタは食品加工場の清潔保持の要

3.2.1　エアフィルタの定義とその捕集メカニズム

エアフィルタとは，「空中に浮遊している微小粒子やガス状汚染物質などをろ過によって除去し空気を清浄化する装置」と定義され，捕集の対象とする粒子径やその捕集率によって粗じん用，中・高性能，HEPAフィルタと種類が分かれる。**表1.4**にエアフィルタの種類を示す。

フィルタはパネル型とユニット型に大別され，主として前者は厚手不織布やカール状ガラス繊維をカッティングして枠に組み込んだフラットな形状で，後者のユニット型は枠の中にろ材を組み込んだものである。**図1.12**にユニット型のフィルタ構造について示す。

表1.4 エアフィルタの種類の概要

分類	用途	対象粒径	粒子捕集率		圧力損失 (Pa)
粗じん用フィルタ	主として粒径が5μmより大きい粒子の除去に用いる。外気処理用/循環空気用プレフィルタとして用いる。	≧5μm	質量法[*1]	50～90%	30～200
中・高性能フィルタ	主として粒径が5μmより小さい粒子に対して中程度の粒子捕集率を持つ。中間/最終フィルタとして用いられる。	≦5μm	計数法1[*2]	<95%	90～400
HEPAフィルタ	定格流量で粒径が0.3μmの粒子に対して99.97%以上の粒子捕集率を持ち、かつ初期圧力損失が245Pa以下の性能を持つエアフィルタ。最終フィルタとして用いられる。	≦1μm	計数法2[*3]	>99.97%	245～490

＊1 質量法：対象フィルタは「粗じん用」でフィルタ前後の試験粉体の質量比較で効率を評価する方法。試験粉体は「JIS11種」を用いフィルタの上流から一定量供給し、試験フィルタを通過した粉体を最終フィルタに捕集しその付着質量を計り、その比で効率を求める。適用規格はJIS－B9908（様式3）

＊2 計数法1：対象フィルタは中・高性能フィルタで、フィルタの前後の粒子をパーティクルカウンタで平均粒子径0.4μm（0.3～0.5μm）と平均粒子径0.7μm（.0.5～1.0μm）の2種類を計りその前後比で効率を評価する。適用規格はJIS-B9908（様式2）

＊3 計数法2：これはHEPA、ULPAフィルタに適応するもので、大気塵またはPAO（ポリアルファーオレフィン）試験粒子を用いフィルタの前後の粒子をパーティクルカウンタで平均粒子径HEPAは0.3μm以上の粒子で99.97%以上、ULPAは0.15μm粒子で99.9995以上のフィルタの効率を評価をする。

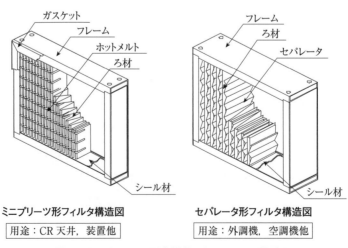

図1.12 ユニット型高性能フィルタ ―構造―

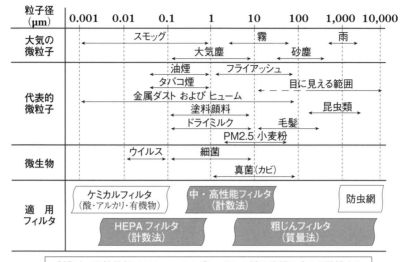

図1.13 代表粒子径と適用フィルタ

ユニット型は一般に，中・高性能フィルタとHEPAフィルタでセパレータタイプとミニプリーツタイプの2種類がある。図中にセパレータとかホットメルト等記述してあるが，これはろ材どうしが接触しないようにして空気を流れやすくするための重要な部品である。

図1.13[5]に代表的な微粒子の径と適用フィルタについて示した。エアフィルタは対象となる粒子径や捕集効率によって，① 粗じん用フィルタ，② 中・高性能フィルタ，③ HEPAフィルタの3種に分けられ，その性能は捕集効率で評価するが，対象となる粒子径が異なるため，効率評価はそれぞれのフィルタ別に決められている。それについては後述する。

エアフィルタの捕集メカニズムを**図1.14**[5]に示す。一般に食品工場で多用されている防虫網はアミ目より大きい粒子（昆虫）などを捕まえるもので，網目（16メッシュで1.0mm，32メッシュで0.5mm，メッシュとは1インチあたりの目数）より大きい異物混入防止程度の効果はあるが，食品に危害を与える微生物粒子に対してほとんど効果はない。

エアフィルタは図1.14に示したように，フィルタろ材となる細い繊維（HEPAフィルタなどはガラス繊維）を複雑に織り込んだ構成となっており，虫網のように表面で捕まえるのではなく，内部でろ過する機構となっているのが特長である。

空気中の浮遊じんの捕集メカニズムは下記の3つの要素で理論構成されている。

① ブラウン運動→空気中の微粒子（0.5μm以下）が，酸素や窒素分子と衝突して不規則な動きをする現象。
② さえぎり→空気の途中にフィルタろ材等の障害物があると，これにより気流や粒子の流れがさえぎられ，その結果衝突したりして捕集される。
③ 慣性衝突→気流に乗らずに直進する（慣性力）粒子を捕集することを特長としている。

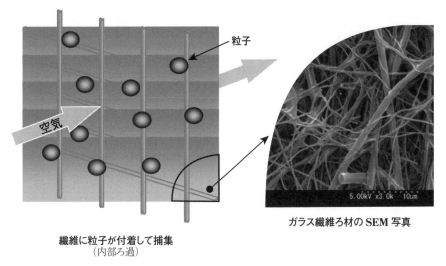

図 1.14 エアフィルタの粒子捕集メカニズム

フィルタの各捕集メカニズムを総合的にまとめると**図 1.15**[5]に示す捕集機構となる。また，ろ材に捕れた粒子は，フィルタを通過する風の力で吹き飛ばされないかという疑問があるが，高性能以上のフィルタは，ろ材自体が密な構成となっており，粒子とろ材との付着力と風による分離力の力関係で考察することができ，一般的には $10\mu m$ 以下のサブミクロン領域では，付着力が分離力の約 5～50 倍大きいことから，飛散することはほとんどない。これは HEPA をはじめとするフィルタの捕集原理として用いられている。

3.2.2 エアフィルタの選定と注意点

フィルタ選定は，図 1.13 に示したように捕集対象粒子に対応するフィルタを選定しなければならない。また，各フィルタを選定した場合の測定法の違いによる効率差を知る必要がある。**表 1.5** にフィルタごとに効率測定法の比較について示した。3.2.1 でフィル

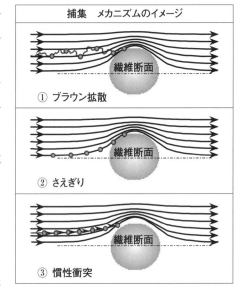

粒子は何らかの力やエネルギーにより，気流から外れて繊維表面に衝突・接着する。エアフィルタは，流体の流れ易さを重視している。

図 1.15 フィルタの捕集メカニズムのイメージ

タの 3 種類について述べたが，粗じん用と HEPA の間の中間的フィルタは，中性能と高性能の 2 段階に分かれているので注意願いたい。従来はこの領域は中性能フィルタ（効率は比色法評価）と呼ばれていたが，2011 年に JIS 改訂[8]があり，中・高性能フィルタとして 2 段階に区分され，効率評価法も，対象粒径 $0.4\mu m$ と $0.7\mu m$ の 2 種類で，計数法を使っての評価となった。

3. 外気取込空気に含まれる危害物質の除去技術

表1.5 フィルタの粒子捕集率の比較

項　目		粗じん用	中性能	高性能	HEPA
適応粒径（μm）		5以上	5以下	5以下	0.3
測定法による 粒子捕集率（％） （フィルタ効率）	計数法2 （0.3μm）	0〜2	40〜50	60〜70	99.97
	計数法1 （0.4μm）	0〜5	50〜75	80〜85	100
	（0.7μm）	5〜10	60〜85	90〜95	100
	質量法	40〜70	90〜95	100	(100)
	細　菌	10〜50	50〜80	90〜95	100

フィルタ効率値は測定法によって異なるので，どの測定法での数値かを確認すること．

また，フィルタの効率比較は，効率評価法が違うので，同じ物差しでは比べられない．フィルタ効率の相関について簡単に知る方法を図1.16に示した．このチャート図は3種類の効率測定法を一つにまとめ，それぞれを簡易的に相関させ比較することができる便利なものである．

図中の2種の曲線の内，左上の曲線が，中・高性能フィルタの効率と右側粗じんフィルタの効率の相関である．例えばA点で見ると，

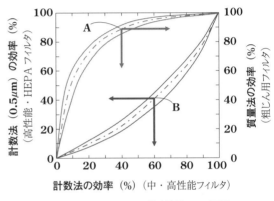

図1.16 フィルタ効率法違いの相関

右を指す矢印の先に，粗じん用フィルタの効率90％弱が指し示されている．同じく矢印下方には中・高性能フィルタの効率40％が指し示されている．評価法は質量法と計数法という違いはあるが，この図を使えば，中・高性能フィルタの計数法での効率40％は，粗じん用フィルタの質量法90％弱と同等という目安がつくのである．同様に，下の曲線は中・高性能フィルタとHEPAフィルタとの相関を示しており，例えばB点で見ると中・高性能フィルタの60％の効率は，HEPAフィルタ換算では約40％に相当することがわかる．

フィルタ選定で大切なことは，フィルタの測定法を無視して，効率値だけで論じたり選定されるケースが散見されるので，選定に際しては必ず対象粒子を確認し，その時の効率を認識して選択することが大切である．これを無視する大きな問題が発生するので注意が必要である．

さらにフィルタの選定にあたっては，表1.6に示す検討項目のほか，使用する室内外の環境条件も加味して，総合的に判断する必要がある．特に食品工場特有の高温・多湿環境やオイルミスト，高濃度粉末など，フィルタの効率に影響を与える要素が多いので，メーカーとの具体的な

表1.6 エアフィルタの選定時の検討項目

検討事項	検討内容
基本性能	粒子捕集率：除去対象粒子径，フィルターグレード（粗・中・高）決定 圧力損失　：低い初期圧力損失，圧力損失上昇が遅いこと＝ロングライフ 集塵容量　：高い保持容量を有すること 処理風量　：多風量処理が可能なこと
機　　能	不燃性，耐熱性，耐薬品性
フィルタサイズ	縦×横×奥行
交　　換	ユニット交換，ろ材交換，洗浄性（洗浄タイプは性能劣化に注意）
コスト	リーズナブルなイニシャル/ランニングコスト

打ち合わせが必要である。

　食品工場の空気清浄化システムに関しては2.3項および図1.7で，フィルタ装置やフィルタ位置について述べたが，食品加工工程におけるフィルタ仕様について補記する。

　食品加工工程の中で空気汚染（周辺空気と食品との直接接触による汚染）を嫌う工程は，加熱加工を終えた後の，放冷・冷却工程，盛り付け工程，充填工程，包装工程の4カ所である。

　これらの工程には，特にカビや腐敗菌などが付着しにくいような施策が必要である。例えば，周辺の空気が混入しないように，この部分に清浄空気吹き出しユニットを設置し陽圧化する，装置や作業者の行動に影響を及ぼさない程度の垂れ壁の囲いやカーテン等設置する，などの工夫が必要である。

　また，天井吹き出しユニットを設置する場合は，作業者へのドラフト（すきま風）感を低減したり，食品の乾燥を防ぐために，吹き出し風速の加減や空気拡散パンチングなどを考慮するのも良い。

　これらの4工程に用いるフィルタは，効率90% at $0.7\mu m$ レベルの高性能またはそれ以上のフィルタを奨める。特にロングライフの食品には無菌充填技術や無菌包装技術が必須なので，この工程にはHEPAフィルタの設置を奨める。

　なお，フィルタ選定に際してはメーカーと性能やコスト，使用状況など情報交換することが望ましい。

3.2.3　エアフィルタの生物学的性能検証[5]

　フィルタの生物学的検証をしたデータは稀で，今回，日本無機株式会社の協力を得て本誌に記載することができた。

　試験は大気中の浮遊菌を用いて，粗じん用，中・高性能，HEPAフィルタの3種類の捕集効率をピンホールエアサンプラ（ミドリ安全製）を用いて測定した。**図1.17**に試験装置を，**図1.18**に各フィルタグレードの捕集した菌の培養写真を示す。

3. 外気取込空気に含まれる危害物質の除去技術

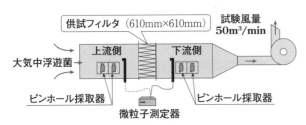

大気中浮遊菌はピンホール採取器（上流側2基，下流側2基）計4基の同時採取。一試験につき採取は3回実施，その平均個数とした。

採取装置

区　分	測定器	流　量	採取時間
空中浮遊菌	ピンホール採取器	100L/min	2.5 min
大気塵埃	微粒子測定器	0.5L/min	34 s

培養条件

区　分	培　地	培養条件
細菌用	標準寒天平板	35℃，2日間
カビ用	ポテトデキストロース	25℃，7日間

供試フィルタ

フィルタグレード	型　式	ろ材材質	粒子捕集率（メーカ保証値）	
			質量法	計数法
粗じん	DS-150	ポリエステルモダアクリル	57	
	DS-400	ポリエステル	76	
	DS-600		82	
中性能	EML-65	ポリエステルPP		
	EML-90			
高性能	ATMC	ガラス繊維		99.97

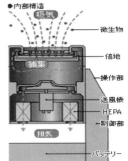

ピンホール採取器（エアーサンプラー）

図 1.17　試験装置

粗じんフィルタ　DS-400

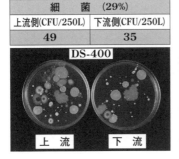

中性能フィルタ　EML-65

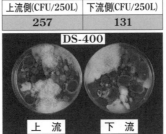
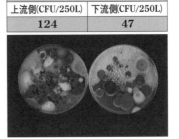

図 1.18-1　粗じん・中性能フィルタで捕集した菌の培養写真

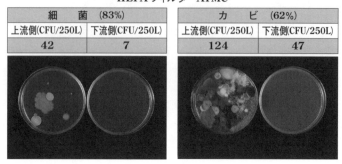

図 1.18-2 高性能・HEPA フィルタで捕集した菌の培養写真

　一連の生物学的検証の捕集結果を**表 1.7** に示す。表より粗じん用フィルタはろ材のグレードにもよるが 0.3μm 以上の粒子での効率は，約 2〜3％と低いが，細菌やカビの微生物類に関しての効率は，細菌が 29〜50％で，カビは 11〜40％と比較的高めの効率が得られた。これは図 1.13 でも示したように空気中の細菌やカビは浮遊じんに付着共生しているため，また粒子径が大きいためその分の効率がアップしたものである。

　同様に中・高性能も，0.3μm 粒子に対しての効率に比較して，微生物粒子の細菌やカビの効率は高めの値を示す。高性能に至っては，90％以上の生物学的効率を確保できている。HEPA では，0.3μm 以上で 99.97％以上，細菌やカビでは 100％効率であり，食品の無菌化には必須のフィルタであることがわかる。

　以上の結果から食品工場の外気処理用フィルタには，粗じん用フィルタは，DS-400 以上を，また，中・高性能フィルタは，外気処理以外のあとの二次フィルタ（HEPA 等）を設置する場合は，中性能 65％クラスの EML-65 を，また二次フィルタがなく，直接工場内に導入する場合には，高性能 90％クラスの EML-90 を用いることを推奨する。また，清潔区域内で特に無菌包装には HEPA フィルタを，それ以外の無菌工程には，高性能タイプの EML-90 を用いることを推薦する。

表 1.7 供試フィルタの捕集結果（m³ 各フィルタ n＝3 の平均値）

フィルタ	区　分	上流側 (CFU/m³)	下流側 (CFU/m³)	粒子捕集率 (%)
粗じん DS-150 質量法：57%	細菌	248	164	34
	カビ	1,128	976	13
	粒子（≧0.3μm）	8.5×10^7	8.5×10^7	3
粗じん DS-400 質量法：76%	細菌	196	140	29
	カビ	1,028	524	49
	粒子（≧0.3μm）	7.3×10^7	7.1×10^7	2
粗じん DS-600 質量法：82%	細菌	128	64	50
	カビ	952	752	21
	粒子（≧0.3μm）	6.9×10^7	6.7×10^7	2
中性能 EML-65 計数法：65%	細菌	168	28	83
	カビ	496	188	62
	粒子（≧0.3μm）	6.6×10^7	5.5×10^7	15
高性能 EML-90 計数法：90%	細菌	128	4	97
	カビ	668	36	95
	粒子（≧0.3μm）	6.9×10^7	4.0×10^7	41
HAPA ATMC 計数法：99.97%	細菌	20	0	≒100
	カビ	220	0	≒100
	粒子（≧0.3μm）	1.1×10^8	3,534	99.996

4. 食品工場向けフィルタおよびシステム機器

4.1 食品工場向けフィルタについて

　食品工場に用いられるフィルタは，市販の一般汎用フィルタで十分機能を発揮するが，食品工場での除去対象粒子は微生物粒子であることから，微生物粒子を考慮した新しいタイプのフィルタの選択が望ましい。具体的には，抗菌フィルタ，防カビフィルタ，省エネ・ろ材交換型長寿命フィルタ，防虫フィルタなどである。これらのフィルタは，いずれも従来技術の延長線ではなく，日本無機株式会社が全く新しい抗菌／防カビ剤と新しいフィルタ構造で開発したものである。ここに記載する技術資料は日本無機（株）より提供いただいた。

　次にそのフィルタを紹介する。

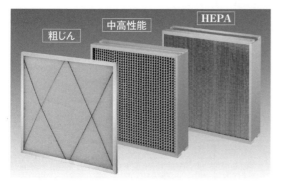
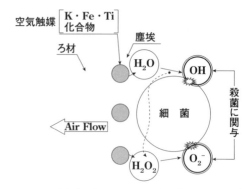

図1.19 抗菌フィルタ（日本無機（株）提供）　　図1.20 空気触媒フィルタの抗菌作用メカニズム

表1.8 空気触媒（抗菌剤）の対象となる菌（効果の確認されているものにかぎる）

対象微生物	微生物名
菌　類（カビ等）	アスペルギルス・ニゲル，ペニシリウム・フニクロスム，ケトミウム・グロボスム，ミロテシウム・ベルカリア
細　菌	黄色ブドウ球菌，肺炎桿菌，MRSA，緑膿菌，大腸菌（以上JISに定められた試験菌），枯草菌，レジオネラ菌
ウィルス	インフルエンザウィルス A 型（H1N1）

確認試験：JIS L 1902：2008「繊維製品の抗菌性試験および抗菌効果」，
　　　　　JIS L 2801：2000「抗菌加工製品－抗菌性試験方法・抗菌効果」，
　　　　　JIS L 2911：2000「かび抵抗性試験方法」

4.1.1 抗菌フィルタについて

　フィルタによって捕集された細菌などの微生物粒子は，同時に捕集された粉じんを栄養として増殖する可能性がある．特に食品工業での高温多湿の環境では増殖作用が活発になりやすい．さらに，増殖した微生物粒子は，フィルタろ材に浸透して二次側に移行し，それが製品への混入や二次汚染要因となる．抗菌フィルタの外観を図1.19に示す．フィルタは粗じん用，中・高性能，HEPAすべてに対応できる．これらフィルタの特長は，

① 捕集した微生物の増殖を無機系抗菌剤の触媒作用で抑制する
② フィルタからの二次汚染防止やフィルタ交換時の室内環境への生菌落下防止，作業者の健康リスク対策に配慮している
③ 粗じん用，中・高性能，HEPA までの３つグレードの対応した商品シリーズ化
④ 安全性，持続性に優れた「空気触媒」による抗菌メカニズム

で，「空気触媒」に使用する抗菌剤は「（社）繊維評価技術協会」でその安全性を認証済である．「空気触媒」という抗菌作用メカニズム[5]については，図1.20に示した．

　フィルタのろ材表面に添着した空気触媒成分（K・Fe・Ti 化合物）が，空気中の水分子に働きかけヒドロキシラジカル（・OH）を生成する．同時に過酸化水素水（H_2O_2）が生成され，ヒドロ

ペルオキシラジカル（·OOH）を経てスーパーオキシドイオン（O_2^-）も生成される。これらのラジカルが分解反応に寄与し，細菌やカビの増殖を抑制する。ろ材の空気流入側表面にのみ空気触媒成分をナノオーダーの粒子径で数十 $\mu g/m^2$ で固着している。このため本来のろ過性能には全く影響がない。

この空気触媒作用が効果を及ぼすことが確認された対象菌種について**表1.8**に示した。性能試験の一例として黄色ぶどう球菌に対する抗菌性能[5]について**図1.21**に示す。このほかに，インフルエンザウイルスA型（H1N1）に対する不活性作用があることも確認されている。その他の菌などの抗菌性試験はメーカーに問い合わせ確認頂きたい。

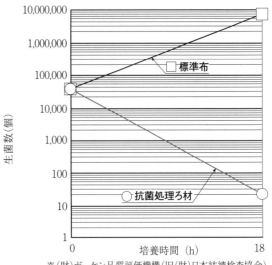

図1.21 黄色ブドウ球菌抗菌性能（HEPAフィルタ）

4.1.2 防カビフィルタについて

フィルタに捕集された微生物（特にカビ）は，高温多湿の特殊環境下でろ材表面やその内部で増殖し，これが二次汚染の原因になる可能性がある。防カビフィルタは，ろ材上または内部に捕集したカビの増殖を抑制するため，二次汚染対策に有効である。

防カビフィルタの特長は，

① 捕集した微生物（カビ類）の繁殖を抑制するために，3層構成の中心ろ材に，化学的に安定で安心（食品添加物で認可）の防カビ剤を塗布した特殊ろ材を挟んでいる
② ろ材には帯電不織布を使用しているために，空気中に浮遊する塵埃や微生物を効率よく捕集できる
③ 低圧力損失で薄型の中・高性能フィルタで，省エネ性，廃棄物減容に優れている

などである。

図1.22に防カビ中・高性能フィルタの外観と仕様について示す。また，防カビフィルタの構造と試験結果を**図1.23**[5]に示す。本フィルタの防カビの仕組みは，2枚の不織布の間に防カビ剤を挟み込ませ，ろ材上に捕集したカビの増殖を長期間抑制できる。

本フィルタに用いられる防カビ剤[5]の有効成分は，2-(4-Thiazolyl) bezimidazole である。本剤は，極めて安定な化合物で，他の物質とも反応しにくく，水にはほとんど溶けず，有機溶剤の

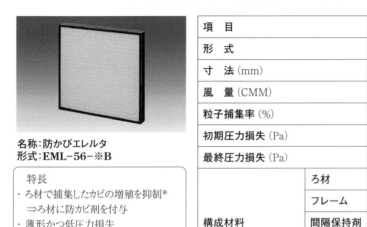

図 1.22 防カビフィルタ（防カビ 中・高性能フィルタ〈日本無機（株）〉提供）

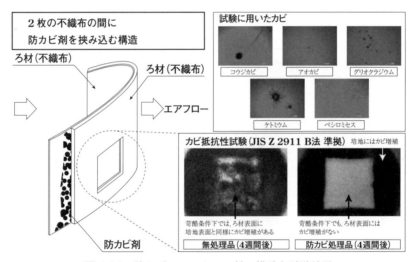

図 1.23 防カビフィルタのろ材の構造と試験結果

溶解度も極めて低い。安全性については，1978年食品添加物として認可を受けているものである。

なお，本フィルタはすべてのカビ増殖を抑制できるものではないので，メーカーに確認することが必要である。

抗菌・防カビフィルタの食品工場への設置施工例を図 1.24 に示す。

防カビフィルタは食品製造工程上，どうしても多湿環境になりやすい部分には積極的に採用されることを奨めたい。

4. 食品工場向けフィルタおよびシステム機器　23

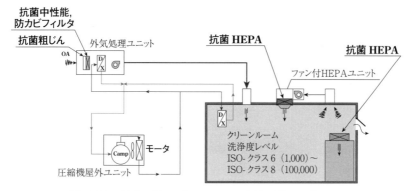

図1.24　抗菌・防カビフィルタの食品工場への施工例

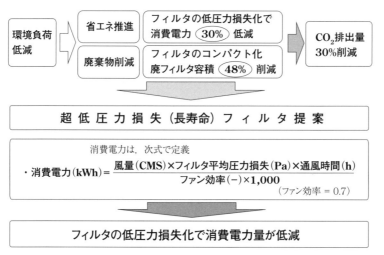

図1.25　省エネコンセプト

4.1.3　省エネ・ろ材交換型長寿命フィルタについて

　食品工場は加熱工程が多いため、その排熱換気量は大きく、また同時にそれに見合う室内陽圧化確保のために大量の給気が必要となる。また、製品の内容によっては清浄区域での作業ため、フィルタでろ過した空気による空調および換気システムの構築が必要で、空気を送風するエネルギー量は膨大となる。

　送風エネルギーはフィルタ圧力損失とリンクしており、フィルタグレードによって差が生じる。例えば、粗じん用フィルタの圧力損失を1とした場合、中高性能フィルタでは2～3倍、HEPAでは約4～5倍の圧力損失となり、清浄度を優先とする場合には高いグレードのフィルタを用いることから、その分大きな送風エネルギーが必要となる。それ故に中・高性能フィルタ以上のフィルタには低圧力損失の省エネ対応のフィルタが望まれている。そうした要望に対応した新構造のフィルタが開発されている。**図1.25**に新たに開発された省エネフィルタのコンセプトを示した。

　このフィルタは、① 新しい発想でのろ材構造で従来の30%の圧力損失低減による省エネ化と、

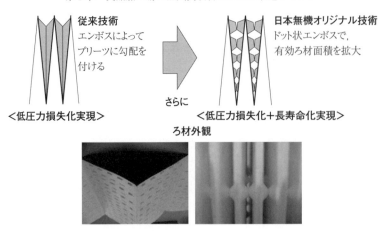

図1.26 低圧力損失 中・高性能フィルタ「レルフィ」―（1）
ろ材を有効活用した新構造（ドット状エンボス）（日本無機（株）提供）

名称：レルフィ
（Low Environment Load Air Filter）
形式：LMXL-70-90-Q-MF

特長

・特殊なエンボス構造で業界No.1の低圧力損失・長寿命を実現
・CO_2排出量：約50％低減
（従来フィルタ寿命時間での比較）
・RoHS指令指定物質非含有

項目	非帯電タイプ（産業空調用）			帯電タイプ（ビル空調用）	
形式	LMXL			LMEL	
寸法(mm)	610×610×150				
風量(CMM)	70 (56)			70 (56)	
粒子捕集率(%)	95	90	65	90	65
初期圧力損失(Pa)	150 (110)	135 (100)	110 (75)	105 (73)	95 (60)
最終圧力損失(Pa)	294				
ろ材材質	有機繊維製不織布				
ろ材交換	可能（シールタイプも品揃え）				

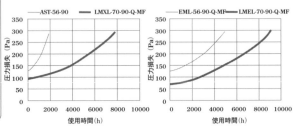

図1.27 低圧力損失中・高性能フィルタ「レルフィ」―（2）

② ろ材交換タイプとすることにより，廃棄フィルタ容量を従来の48％も低減した画期的なフィルタである。

　低圧損力損失化を実現した新構造について図1.26に示す。一般的には，ろ材をジグザグに織り込んだプリーツタイプのフィルタは，空気の流れを確保するために，セパレータと称する部材で，ろ材どうしが接触しないような構造になっている。最近の技術では，ろ材にエンボス加工をしてプリーツに勾配を付けたフィルタが市販されているが，今回紹介するフィルタは，ろ材に特

4. 食品工場向けフィルタおよびシステム機器

表1.9 低圧力損失省エネフィルターシステムと従来システムとの比較（3年間使用時点）

比較項目	従来システム—①	新システム—②	①—②	改善状況
平均圧力損失（Pa）	699	490	209	30%減
消費電力量（kwh）	392,000	275,000	117,000	30%減
電力費（百万円）	5.9	4.1	1.8	30%減
CO_2排出量（t）	164	115	49	30%減
廃フィルタ容積（m^3）	20.0	10.5	9.5	48%減

＊電力費は 15 円/kWh で算出
＊CO_2 排出量（kg）は，0.418kg× 電力量（kWh）で算出
新システムは粗じんフィルタ（DS-600），高性能フィルタ（LMXL-70），HEPAフィルタ（ATMPK-56）で構成した。
性能は下記の通り

項目		粗じん	高性能	HEPA
形式		DS-600-31-REA-20	LMXL-70-90-Q-MF	ATMPK-56-P-E
圧力損失（Pa）	初期	88	100	170
	交換	196	147	300
DHC（g/台）JIS15 種		120	276	1,600
粒子捕集率（%）		83（質量法）	90（計数法 at 0.7μ）	99.97（計数法 at 0.3μ）
フィルタ容積（m^3/台）		0.0067	0.044	0.11

＜3年間使用した場合＞

平均圧力損失（Pa）	490		
フィルタ交換回数（回）	23	9	1
廃フィルタ容積（m^3）	2.5	6.3	1.7

殊な点状（ドット）エンボス加工[5]をし，ろ材同士を点接触にして，ろ材の通気有効面積を拡大させることで圧力損失30%低減，長期寿命化を実現した画期的なフィルタである。**図1.27**に低圧力損失の中・高性能フィルタ「レルフィ」の性能と特長を示す。

新構造の低圧損省エネフィルタを用いた，粗じん用＋高性能＋HEPAのトータルシステムのシミュレーション結果と従来システムとの比較結果を**表1.9**に示す。表より明らかなように30%の省エネ化と48%の廃棄物低減化が期待できるため，食品工場用フィルタとして設計時に検討されることを推奨しておきたい。

なお，新構造低圧力化，省エネフィルタは既設フィルタ取り付け枠に収納できる形状である。ただし，既設装置への採用に際しては，既設送風機の性能を調査し，インバーターなどの併用を検討することが重要で，これもメーカーによく相談することを奨める。

4.1.4 防虫フィルタについて

防虫フィルタの原型は網戸であるが，比較的大きな飛翔昆虫についてはそれなりに有効であるが，表面ろ過タイプであり取扱いには十分留意する必要がある。外気処理用防虫フィルタのろ材は粗じん用フィルタに用いる不織布であるが，捕集された虫がろ材内を動き回り，ろ材を貫通し

食品工場への虫侵入防止用

特長　・外内枠からなる二重枠構造で，枠とろ材の隙間を無くし虫侵入防止
　　　・防虫網を設置し，微細な虫の侵入防止
　　　・フィルタはカムロック式でフィルタユニットとの隙間を無くし虫侵入防止

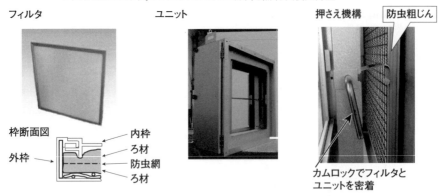

図1.28　防虫フィルタおよびフィルタユニット（日本無機（株）提供）

たり枠とろ材の隙間から二次側に出てきて汚染の原因をとなる可能性もある。

防虫フィルタの捕集効果については，体長が小さくよく動き回るアザミウマなどで評価されている。市販されている防虫フィルタは，それぞれ特徴ある構造で対応されている。**図1.28**に防虫フィルタユニットの一例を示す。

4.2　粉体材料取扱施設（高濃度塵埃環境）対応フィルタシステム

食品工場では，原料として小麦粉や種々粉体を使用するケースが多く，取扱時にこぼれた粉体の室内拡散による作業環境の悪化が問題視されている。**図1.29**に粉体原料使用時の室内拡散の影響について示した。

食品工場で多用される小麦粉の粒径は5〜100μm程度と言われており，空気中に拡散した場

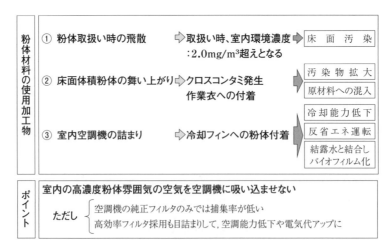

図1.29　粉体材料の室内拡散重要ポイント

4. 食品工場向けフィルタおよびシステム機器

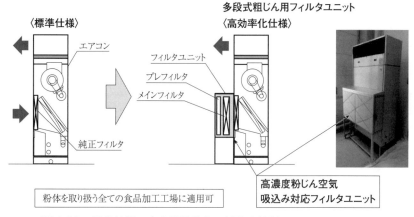

図1.30 粉体材料の室内拡散防止の対策実施例（日本無機(株)提供）

合，重力による沈降速度は1～45cm/s（ばらつきは大きいが平均粒径50μmとし15cm/s）と比較的遅く，一度室内に拡散すると空気中に浮遊しているので，まずは粉体取扱現場では，① こぼさないこと，② こぼれやすい部分には飛散防止ガイドの取り付けや，③ 拡散防止にカバーまたはカーテンなどの対策が重要である。

また，沈降速度が遅いだけに室内のドア開閉による空気の乱れで，さらに拡散したり，床に散乱している粉体が再飛散するケースが出てくるので，室内拡散された粉体は早めの回収が必要である。

沈降速度が遅いと，ちょっとした風による影響も無視できなくなる。ちなみにドアの開閉により風速2.5m/sの横風が発生したと仮定した場合，高さ1.5mから約30μmの粒子を落としたケースでは，粉は風に乗って約20m先まで飛んでいく。粉体を取り扱う施設は突発的な横風が出ないように，出入り口（特に出入りが多い場合）にはエアロック機構を設置することも必要である。特に重要なのは，① 空調機の吹き出し方法と，② 空調機への戻り空気の吸い込みである。前者は製造現場，装置に応じて吹き出し方法を検討しなければならないが，いずれも吹き出し風速を遅くしたシステム設計が必要である。また，後者は舞い上がった高濃度粉体塵埃空気の空調機フィンへの付着で，空調機性能が低下するばかりでなく，付着物がカビとなり二次汚染となる確率が高くなるので，空調機への吸い込み塵埃負荷を低減することがポイントである。

図1.30にその対策事例について示した。この対策ポイント[5]は，フィルタを多段に組み合わせ，前置フィルタの負荷を低減し，トータルとして集塵容量の大きいシステムにすることで対応できる。

なお，この施設の粉じん環境は，一般外気の約1,000倍前後の熾烈な環境なので，操業時間にもよるが，フィルタメンテナンスは，毎日目視管理し記録することにより，メンテナンススケジュールを決めて行えばよい。

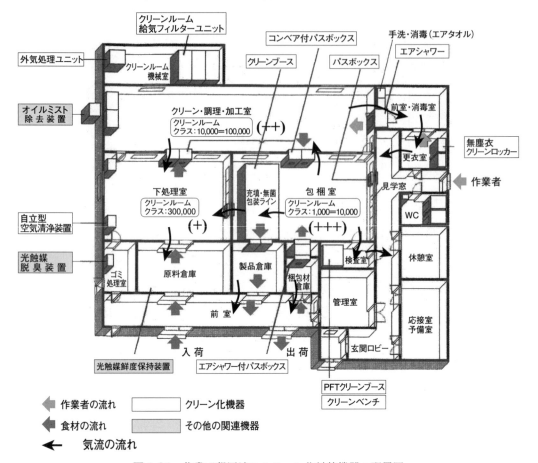

図 1.31　作業工程区域のクリーン化対策機器の配置図

4.3　食品工場向けクリーン化対策機器

食品工場の準清潔区域，清潔区域の室内の清浄環境を維持するために，必要グレードに応じたクリーン化機器の設置が望まれる。**図 1.31** に食品工場に使用するクリーン機器とその設置図例を示す。

そのポイントは，

① 工場内の換気と陽圧化のための外気取込処理ユニット
② 室内圧差をコントロールする陽圧ダンパ
③ 室内への危害物質を持ち込まないための「人用エアシャワー」「物用パスボックス」
④ 更衣室のロッカーや手洗い機器などのサニタリ関連機器
⑤ クリーンルーム用天井吹出し（高性能またはHEPAフィルタ）ユニット
⑥ 無菌包装工程の高度清浄化と局所クリーン化用のクリーンブース
⑦ 製品検査用のクリーンベンチなど

があげられる。

4. 食品工場向けフィルタおよびシステム機器   29

図 1.32 「入口」の重要ポイント（3H 対策エアシャワー：日本無機（株）提供）

空気清浄化用の HEPA ユニットや外気処理ユニット以外の関連機器について次に紹介する。

4.3.1 食品加工場の「入口」に関連する機器（1）—エアシャワー

食品加工場の「入口」は，工場内に汚染物持ち込を防止する「関所」として非常に重要なところで，その対策として，入室者に付着している塵埃や菌などを持ち込まないようにするため，エアシャワアーを設置している。一般的なエアシャワーは，20m/s 以上の高速ジェットエアを約 20 秒以上浴びて，作業着に付着している塵埃を吹き飛ばす機能であるが，図 1.32 に示す「3H エアシャワー」[5] は作業着に付着している，静電気，塵埃，菌類の 3 大危害物（3Hazards）を一台で除去する新しいタイプのエアシャワーである。扉は上下スライドの自動扉で，従来の横スライド自動ドアと異なり，省スペースで設置できる。ジェット作動中は体に当てた空気は室内で乱流することなく速やかに床に吸い込む方式となっている。

図 1.33 に従来型のエアシャワーと 3H（除電・除塵・除菌）機能付きエアシャワーの機能比較表を示す。

その仕組みは，

① 入室者は更衣した後，姿見で着衣状況を確認し，先ず除電のれんに触れて，静電気などで付着している大きな粒子を取り除く
② その後，25m/s 以上の高速ジェットエアで入室者の体表面に付着している塵埃や微生物を吹き飛ばすが，既に作業着が除電されているので微小付着塵埃は比較的飛ばされやすい
③ ジェットエア作動中に，次亜塩素酸ナトリウム製剤・食添ピーズガード除菌剤を，特殊な微細粒子発生ノズルでスプレーして瞬時に作業着の除菌を行う
④ 除電・除塵・除菌の操作を終了すると，出口上下スライドドアが開き食品加工場室内に入

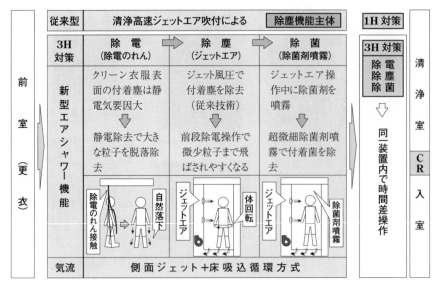

図 1.33 3H 対策エアシャワーと従来型との機能比較概要

室できる
である。

　これらの一連の3つの危害対策機能を持つエアシャワーは他には見られない。除菌を付加したエアシャワーは，数例市販されている。また，除塵だけの機能を持つ一般的なエアシャワーについてはいろいろなタイプが市販されているので使用目的に応じた機種を検討し選択して頂きたい。

　なお，給食センター等ではエアシャワー取り付けが義務化されているが，一般食品工場では，取扱い上必ずしも採用されていないところも散見する。しかし，食品工場のエアシャワーは管理区域と非管理区域をきちんと区分，隔離，管理する「重要な関所の役目」をする装置でもあるのでメリット，デメリットをよく検証し設置の検討をして頂きたい。

4.3.2　食品加工場の「入口」に関連する機器（2）―クリーンロッカー

　食品加工場「入口」からの汚染防止対策の関連機器として，**図 1.34** に作業着のロッカーの事例を示す。

　入室者用の作業着は一般的には囲われたロッカーに吊るし保管されているが，更衣室は更衣の度に繊維のほつれによる微小繊維塵が大量に浮遊し，環境的には汚れた状況である。その証拠に，更衣室の床の隅は綿ほこりがたまっておりこれが人の動きで舞い上がり，作業着ロッカー内に入り込むなどして，結果として作業着に菌を含む塵埃が付着することになる。

　図 1.34 に示したロッカーは，作業着を囲み隔離するばかりではなく，装置の上からフィルタを通したクリーンエアを吹き出し，更衣室の汚れた環境に作業着をさらさないで保管するもので

4. 食品工場向けフィルタおよびシステム機器   31

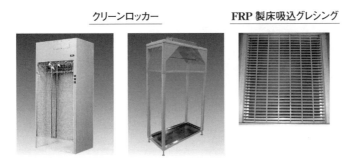

図 1.34 「人」からの汚染防止の対策実施例（日本無機（株）提供）

ある。この空気はクリーンエアを循環することで更衣室自体のクリーンアップにつながる装置でもある。

また，これに前述した次亜塩素酸ナトリウムを用いた床置き除菌ユニットを併設した，除菌機能付きクリーンロッカーも開発[5,10)]されているので検討されても良い。

4.3.3 食品加工場の「入口」に関連する機器（3）—光触媒，パスボックス類

食材や包材に付着している汚染除去としての関連機器を図 1.35[5)]に示す。食材の鮮度保持を兼ねた光触媒によるストックヤード用の機器や，食材などの搬入用の大小パスボックスやパスルームの紹介である。これらの機器は数多く市販されているので目的に応じた機器を選択されたい。

食材の鮮度低下は腐敗要因にも関係するので，ストックヤードの冷蔵庫は必須設備であるが，光触媒技術を応用した鮮度保持装置なども有効である。これら食品用の機器類は防錆の目的で，

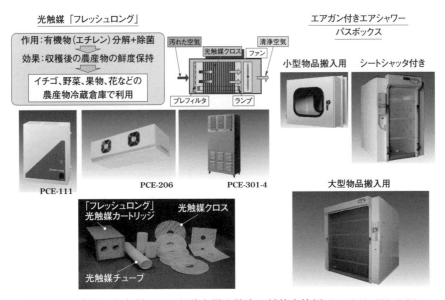

図 1.35 食材，梱包材からの汚染と混入防止の対策実施例（日本無機（株）提供）

図 1.36 加工空間からの交差汚染防止の対策実施例（日本無機（株）提供）

ほとんどがステンレス製であるが，欠点としてコスト高であることから，周辺の乾燥床化やキャリヤとの接触部のみだけステンレスのガードプレートを貼るなどの工夫をして，コストダウンすることを奨める。

4.3.4　食品加工場の「中＝室内」に関連する機器 ―差圧ダンパ，クリーンブース類

食品工場の「中＝室内」の環境維持やグレードアップ用の機器類を図 1.36，図 1.37 に示す。

図 1.36 は室内間との室圧調整用の差圧ダンパ，ドア開閉時に室圧差で発生するエアバランス崩れや不意の風発生防止用のパスルーム，食材や製品の室間出入用のパスボックス類を示す。また図 1.37 は加工室全体を高度にクリーン化するのではなく，必要なところを必要な清浄度エリアに構築できるクリーンブース類の紹介である。クリーンブースの構造は鋼材またはアルミでフレーム組みし，上部に HEPA フィルタと送風機を一体化したユニットをセットし，フレーム外周はビニールカーテンで仕切り，内部を陽圧化した簡易型クリーンルーム機器である。クリーンブースは清浄度グレードに応じて機器サイズも自由設計可能，かつ移動や移設可能で，固定式クリーンルームに比べ低コストで便利な装置である。

なお，クリーンブースには自立型と懸垂型（無柱）とがあり製造装置との絡みを十分検討することが大切である。これらクリーンブースは多くのメーカーがいろいろなタイプで市販しており，用途に応じた機器を工夫検討して選択することを奨める。

クリーンブース

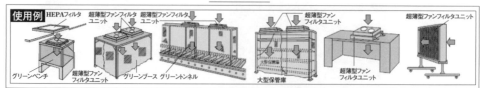

図 1.37 製造ラインの局所クリーン環境作りの対策実施例（日本無機（株）提供）

5. フィルタシステムの保守管理

5.1 フィルタ定期メンテナンス

　食品工場における空気質の重要性について述べてきたが，問題は現状がきちんと処理された適正な空気が導入されているかどうかである。製造にたずさわる人達は「空気の質管理は自分たちではなく，誰かが維持管理しているはずだ」と言う思いがあり，無頓着である。設備管理している方々は当然として，製造にたずさわる方々も，食材，製品と同様に「空気は食品の重要な副原料」であることを再認識し対応して頂きたい。

　HACCP 手法では「食の安全・安心」を維持するには，そこに携わる従業員全員参加で「7S」の遵守と一般的衛生管理プログラムを推進していくことが基本である。各企業においては全員参加を念頭に組織化されてはいるが，食品取扱企業の約 80％の中小企業という状況では，人材・費用の面から考えて，必ずしも理想的な形ではなされていない。しかし，「空気を副原料」として対応していくには，先ずそこで働く従業員自身が，原料と同じ目線で空気を見ていくことが重要で，給排換気設備の保守管理をしっかりと実施していくことが重要である。

　工場視察をすると，フィルタのメンテナンスが疎かになり，フィルタの目詰まりや破損した状態で運転されていることに驚かされることがある。

　表 1.10 にフィルタの定期点検のポイント，**表 1.11** に代表的トラブル事例を示す。

　定期点検リストを作成し，マニュアルに沿って担当を決めて，確実に実施する体制を作ることが大切である。フィルタの目詰まりは，室圧の低下を起こすので定期点検は欠かせない。

表 1.10　フィルタの適切な運用－定期点検・清掃・交換等の要点

運用項目	要点と目的
定期点検	・ユニットの送風機（V ベルト，電源，他）の点検 ・フィルタの圧力損失状況を点検・記録し，交換頻度を把握する ・防虫ネットに捕獲された虫を週 1 回除去して，圧力損失を回避し，動力負荷を少なくする ・粗じんフィルタはこまめに交換し，動力負荷の低減，中高フィルタへの負荷低減を図る
清　掃	・外気取り込み口周辺の清掃し，虫・異物の発生を低減する ・防虫ネットの除虫を確実にする
洗　浄	・粗じんフィルタ（不織布）の洗浄は，洗浄方法によっては，ろ材の劣化に注意する ・洗浄は一般的に 3 回まで。それ以上は効率が低下し，ろ材強度も劣化し，捕集塵の飛散につながる
交　換	・廃棄物の減容の観点から「ろ材交換型」が望ましい ・低圧力損失フィルタへ切り替える
省エネ	・こまめな管理（電力記録）で運転コストを下げる ・省エネは企業の使命であり利益創出の源である

表 1.11　代表的フィルタのトラブル事例

項　　目	目　　的	不具合要因
エアフロー遵守	安定運転	早期目詰まり，ろ材破損
ろ材折山横取付禁止	ろ材ダメージ低減	横向⇒使用環境によっては「たれ」発生⇒ろ材破損
過大風速の禁止	省エネ，ロングライフ化	$\Delta P \propto V^2$，消費電力 $\propto Q \cdot \Delta P$
乱気流域設置禁止	ろ材ダメージ低減	集中負荷，ろ材面のバタつき⇒ろ材破損
集中熱負荷禁止	安定運転	雰囲気見合いの耐熱フィルタ選定⇒ろ材破損
局所通風の禁止	ろ材ダメージ低減	短長ホッパ⇒ダクト風速が直撃⇒ろ材破損
酸性ガス雰囲気	安定運転	酸系ガスによりフィルタ構成部材腐食

不適使用 ⇒ 製品の不良発生のみでなく無駄な時間，費用の元となる

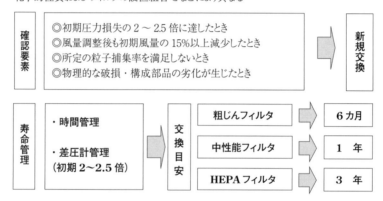

図 1.38　フィルタの寿命　―確認要素―

図 1.38 にフィルタ寿命の一般的な考えについて示す。

　フィルタの寿命は設置環境に応じて変化するので，これも定期的な観察で傾向が明らかになることから，継続的な観察と記録が重要である。

　フィルタの点検は製造環境の空気質に大きく左右するため，メンテナンスは定期的に実施することが大切である。フィルタメンテナンス不足で製品不良が発生した場合の復旧には，莫大な費用が掛かり，場合によっては操業の一時中断もあり得ることをしっかりとこれを認識しておかねばならない。

5.2　フィルタメンテナンスの手順と留意点……メンテ業務は思いつきでなく定着化が重要

1) フィルタシステムの組み合わせをチェックする

　フィルタは食品加工場の清浄度環境に応じて，供給空気の流れ順に，虫やその他大きな塵埃を

取る「粗じん用フィルタ」のみのシステム，更にきれいな空気を供給する場合，「粗じん用フィルタ」の後段に中性能や少しグレードの高い高性能フィルタを組み合わせた，粗じん用＋中・高性能の2段のフィルタシステム，最終的に無菌環境を作る場合の，粗じん用＋中・高性能の後にHEPAを付けた3段組みのフィルタシステム，の何れかで構築されているので，まずメンテナンス対象設備のフィルタ組み合わせをチェックする。

2）交換作業に当たっての注意点

まず，周辺の養生である。フィルタまたは機器の付着物が飛散あるいは床汚染がないように，交換機器周りや床の養生をしっかり行うこと。次に，作業者の自衛管理をすること。フィルタ等への付着物は，空気中のいろいろな汚染物を捕集しているので，交換作業に携わる作業者は，専用作業着（ディスポタイプのつなぎ服を推薦），手袋（できればゴム系），マスク，メガネ（できればゴーグルタイプ）を装着して作業すること。また，作業終了後は手洗い含む洗顔などして除塵，除菌すること。

3）「粗じん用フィルタ」単独システムのメンテナンス

「粗じん用フィルタ」は，① パネル型タイプ（厚さ20～50mm），② 自動巻き取りロールタイプ，③ プリーツ型タイプ，④ バグ型タイプ，の4種類があるが，食品工場では，①，② が大部分なのでこの2種類について述べる。

①パネル型タイプ：フィルタユニット本体に取り付けてあるフィルタレールへの差し込み，または落とし込みで装着されているので，装置から取り外し，ガラス繊維等の使い捨てのろ材フィルタの場合は，枠から外してPE袋に入れた後に段ボール梱包する。

また，不織布ろ材の洗浄再生フィルタの場合は，ユニットから取り外した枠付きの状態で，真空掃除機などで，大きな付着塵を除塵した後，フィルタ枠からろ材を外して，中性洗剤を用いて複数回洗濯と水洗いをする。すすぎ洗いの水がきれいになったら，よく脱水し，乾燥機または天日干しで完全乾燥する。

再生型フィルタは材質にもよるが，一般的に3回以上洗濯すると，ろ材が劣化し，フィルタ枠にきちんと収納出来なくなったり，ろ材形状保持が出来ない場合があり，結果として捕集効率が低下するので注意すること。

十分乾燥されたフィルタは，取り外した手順と逆の操作でフィルタ機器に装着する。

②自動巻き取りロールタイプ：正しい装着をしないと，タケノコ状の巻き取りとなったり，ろ材が装置に巻き込まれたりして，正常な運転が出来ない場合があるので，専門業者に依頼することを奨める。

4）「中・高性能およびHEPAフィルタシステム」のメンテナンス

中・高性能およびHEPAフィルタは，箱型ユニット形状（厚さ100～290mm）で，その固定には取り付け枠に取り付けてある4～6本のスタッドボルトと，専用金具で行う機構となっている。

フィルタの取り外しは，スタッドボルトのナットを緩めてフィルタ機器ユニットから取り外す。

箱型の中・高性能フィルタは，ろ材交換型と使い捨て型に大別されるが，最近は廃棄物の減容化を目的としたろ材交換型が増えてきている。

ろ材交換型の交換は，各メーカーの取り扱いマニュアルに従い，枠から使用済みフィルタろ材部分を取外し PE 袋に入れた後，段ボール等に入れ，新品ろ材を取り付ける。なお，残った枠は再利用するので綺麗に清掃する。

使い捨てフィルタは，取り外し後 PE 袋に入れ，段ボールに梱包して一時保管する。

一方，HEPA フィルタは，ろ材交換出来ないので使い捨てタイプとなり，その取扱いは中・高性能と同様である。

5) HEPA フィルタの締め付け

新品と交換した HEPA フィルタは，フィルタユニット機器のフィルタ受けに，ガスケットが均等になるように位置付けし，付属金具を用いて締め付け固定する。

締め付け程度は，一般的にはガスケット厚さ（一般的に 6mm 厚）の約 1/2 圧縮締め付けを行えば，装着面からのリークは発生しない。ちなみに物理的な確認方法としては，トルクレンチを用い約 80kg/m 程度で，リークしないとされている。

なお，フィルタ締め付けは，スタッドボルトの一点締め付けするのではなく，全スタットボルトを均等に少しずつ締め付け，固定することが重要である。一部の締め付けの場合，リークする可能性が高いので特に注意すること。

HEPA フィルタは取り付けた後は必ず，リーク試験を実施し，確実に装着されていることを確認し，記録する。これはバリデーションの一つとして重要なので留意すること。

6) フィルタ機器内清掃と除菌

フィルタメンテナンスとして一旦，フィルタを外したら，機器内にはほこりが付着しているので，清掃・水拭き後，カビや雑菌増殖を防止するために，アルコールまたは除菌剤等を噴霧することを推奨する。

7) フィルタの廃棄

使用済みフィルタユニットおよび交換ろ材は，産業廃棄物対象物となるので，排出側はマニフェスト作成し，廃棄物処理有資格業者に処分を依頼をする。

メンテナンス規模により，廃棄物量は変わるので，各社のルールで取扱って頂きたい。

8) メンテナンス記録

フィルタユニットの定期点検（各フィルタの圧力損失，汚れ具合の目視観察，その他）での記録はもちろんのこと，それ以外での交換の場合も，対象フィルタ名，メンテナンス月日，状態などを記録して保存すること。この記録の積み重ねが次回メンテサイクルの予測資料となるので継続することが大切である。

9）予備フィルタのストック

前述のメンテナンスサイクルが予測できるようになれば，予算計画も立てやすく業務の定着化になる。

また，予備フィルタは早めの調達をして準備しておくことを推奨する。

5.3 製造環境のチェックポイント

定期点検と同時に，工場内外の環境チェックおよびその評価が必要である。**表 1.12** に空気に関する基本的なチェックポイントと空気環境実態のチェックポイントを示す。

表 1.12 空気・空気環境のチェックポイント

	チェックポイント
空気に関するチェックポイント	1. 空気汚染による危害を分析しているのか　チェック！ 　　HACCP で対応する場合は，危害分析を行っているかが最重要事 2. 工場内に入れる空気はそのエリアに入れて良い空気なのか　チェック！ 　　汚染された空気を入れていれば問題外 　　フィルタ種類と管理は適正に行われ，必要な清浄度の空気が入っているか 3. 室内の空調機は管理され，汚染された空気が拡散していないか　チェック！ 　　空調機が管理されていないと，汚染された空気が工場内に拡散する汚染増幅機器になる 4. 給気のバランスを見ているか　チェック！ 　　工場内が陰圧になると汚染された空気が入ってくる 5. 空気の流れを見ているか（清潔エリア－準清潔エリア－汚染エリア）　チェック！
空気環境に関するチェックポイント	1. 落下菌を検査しているか　チェック！ 　　落下菌の取り方によって問題が見えてくる－時間・方法 　　弁当惣菜の衛生規範の中の落下菌数は，基準にはならない 2. 浮遊菌を見ているか　チェック！ 　　浮遊菌以外で，問題のある所は，浮遊菌を見る必要がある 3. 気流を検査しているか　チェック！ 　　工場内，室内の空気の流れを定期的に診断する。裸の商品にどのような空気があたっているのか等を調査する 4. 陰陽圧を検査しているか　チェック！ 　　清潔エリアが陰圧になっていないか汚染エリアの空気が清潔エリアに入っていないか 5. 空調機の汚染状況を検査しているか　チェック！ 　　最大の空気汚染源となる空調機の汚れを調査しているか 　　管理されていないスポットクーラーは汚染源になる 6. 給排気量を検査しているのか　チェック！ 　　その部屋の空気バランスはどうなっているのか調査する－汚染された空気が入っていないか 7. 稼働時と非稼働時の給排気を見ているか　チェック！

5.4 フードディフェンスへの補助効果

近年，食品工場の新たな課題として，フードディフェンス（食品防御）に対する対策がソフト，ハードの両面で検討されているが，フードディフェンスの基本的な考えは，以下の4項目があげられる。

① 食品工場内に登録職員以外の不審者を入れない
② 工場内や原料ストックヤードへの立ち入り制限をする
③ 異常時にすぐに確認できる組織管理体制をつくる
④ 場内の監視体制を確立する

フードディフェンス対策についてはここでは割愛するが5.2で述べた日常の管理チェックを実施していれば（上記③）異常現象がわかり，日常メンテナンスが「フードディフェンス」対策の補助効果として有効であることがわかる。

■参考および引用文献

1) 一般的衛生管理要件：落亭，NPO HACCP 実践研究会　第33期　HACCP 実務者養成講座テキストⅢ―2　P2（2015）　URL:http://www.haccp.gr.jp
2) 食品安全規格の構築手順：小島，NPO HACCP 実践研究会　第33期　HACCP 実務者養成講座テキストⅢ―5　P4（2015）
3) 食品工場のユーティリティーへの要求事項「ISO/TS22002-1（2009）」6章
4) 食品加工工場の業種別推奨清浄度：コンタミネーションコントロール便覧　p418　社団法人　日本空気清浄協会編（1996）
5) 日本無機（株）：技術資料およびカタログ　URL:http://www.nipponmuki.co.jp
6) 空気の流れ説明：宇井，NPO　HACCP 実践研究会　第33期　HACCP 実務者養成講座テキストⅡ―1　P6（2015）
7) エアフィルタの定義：JIS Z 822　コンタミネーションコントロール用語
8) 中・高性能フィルタ性能試験法：JIS B 9908-2011
9) 空調設備内部のサニテーション：高橋，月刊食品工場長　No.212（2014年12月号）　P32（2014）
10) （株）ピーズガード：技術資料およびカタログ　URL:http://www.psguard.jp

第2章　空気環境の危害分析と空気清浄管理による
　　　　カビ汚染防止

1. 食品工場の「空気質」管理

　食品工場における空気管理は，一般的には食品との関わりのうすい空調，ユーティリティ機械設備の問題として考えられており，温度（冷暖房）と給・排気（陽陰圧）ができていれば，つまり機械が動いていればよいと思われている。

　しかし，食品製造現場での空気は，食品に直接触れるという意味で，その清浄度は，食品の加熱，非加熱に関わらず食品の品質・安全を左右する重要な要素である。

　その「質」によっては，製造段階の食品に，重大な影響を与えることになる。つまり空気の清浄度は，空気環境の清浄化が維持または確保されていない限り保てないのである。空気環境が悪いと，製品に与える危害要因になりかねず大きな問題のはずであるが，食品製造現場では，食品が置かれている空気環境には，全く配慮できていないというところが多い。そもそも「見えない」空気を，管理するものだとは思っていない。あるいは，気づいていても，どのように管理すればよいのかがわからない，というのが本当のところのようである。

　本章では，製造工程に必要な清浄な空気を，どのようにして提供するか，ということのソフトの要件を，コーデックス「食品衛生の一般原則」セクション5．オペレーション・コントロール（食品製造時の取扱い）の内容を活用して解説する。

　そこには，"危害要因の予防的なコントロールを，オペレーション（製造作業）の適切な段階で行い，予防的なコントロールにより，食品の安全性が損なわれるリスクを低減する"と記述されている。こうした観点に立って，「清浄な空気の提供」ということを考えた場合，空気を供給する空調機器等の適切な維持管理が，まず求められる要件と思われる。そして，その管理はその責任者をはじめ周辺の作業者も，常に意識できるように一目で「見る」ことができるような，いわば「見える化」が必要なのである。

　空気管理の危害分析と空気清浄管理は，HACCP導入の観点からも極めて重要となってきている。そのため，少し誇張して言えば，「空気」を食品製造に不可欠の「副原料」として考えてほしいということである。

　以下，各節のテーマに沿って「危害要因分析」「空気清浄管理」「カビ汚染防止」をキーワードに，HACCP運用を支援する空気環境コントロールのありかたについて事例を交えながら解説する。

2. 清浄な「空気質」を確保するための要件とは

2.1 食品の安全性確保は，カビとの戦い

温暖多湿の気候風土の日本は，非常にカビが生育しやすく，カビと人間が一緒に生活しているといっても過言ではない。空中を浮遊してどこにでも漂っている。季節に関係なく発芽と成長・飛散を繰り返しており，我々は一年中，空気といっしょにカビ胞子を吸っていると考えてよい。

食品で言えば，カビは消費期限 3 日の商品には出にくいが，7 日になれば出やすくなる。つまり，消費期限の短い商品では，カビが混入して変色するには 7 日程度かかるということである。また，カビは条件さえ揃えばどこにでも生えてくる。食品原材料にも必ずいるもの，という認識が必要であり，カビ対策には原材料管理と加熱コントロール，そして空気清浄管理を合わせて進めることが大切である。

カビによる健康被害には，感染症，アレルギー，カビ毒などがある。ただ食品会社にとっては，カビによる変色や酵母による異臭，膨張などが原因で起こるクレームや商品回収が大きな問題である。1 個でもそのような状態の製品が見つかれば，ロットごと回収となることもあり，経営的には無視できないものである。

2.2 エアコン分解洗浄による空気質の検証例

カビと空気の関係がわかりやすい例として，最近食品工場でも増えてきた「天埋カセット型エアコン」の分解洗浄とその効果を検証した事例について紹介する（**図 2.1**）。

図 2.1 天埋カセット型エアコン

エアコンを運転する際の不安材料として，内部に溜まった塵埃，カビの飛び出しでアレルギー性疾患や喘息を引き起こすかもしれない，という健康への影響が挙げられる。天埋カセット型のエアコンは，構造的に複雑で内部の洗浄が難しく，除去しきれない汚れの残留と温度差による結露がカビの発生を促す条件を作り，気づかない内にエアコン内部に堆積した汚れやカビの胞子などが粒子となって排出される（**図 2.2**）。梅雨時に行ったエアコン洗浄前の，微生物検査の結果の一部を図に示した（**図 2.3**）。冷房時期には，人の健康に影響があると思われる微生物の増殖が悪臭の原因となり，分解洗浄の必要性が高まっていることがわかる。

また，洗浄の効果を確かめる目的で，洗浄前・後におけるエアコンの各部位別の拭き取り検査を行って真菌（カビ類）数を確認したところ，洗浄前に比べ，洗浄後の菌数が激減したことが認

洗浄前熱交換フィン　　　　　　　　洗浄後熱交換フィン

 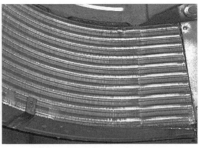

図 2.2　交換フィンの洗浄前後の様子

付 着 菌（エアコン内部熱交換器）
方　　法：熱交換器アルミフィンから拭き取りをして採取，培養後占菌を分離同定。
一般細菌：*Flavobacterium* spp：土壌・海水に広く分布，人，特に新生児のずい膜炎，敗血症の原因，日和見感染菌。
真　　菌：*Cladosporiumu* sp：クロカワカビ，高温・低湿，乾燥への抵抗性が強く，アレルゲンとなることもある。

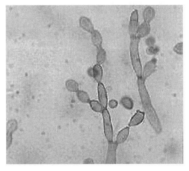

（クラドスポリウム）

図 2.3　天埋カセット型エアコン内部から検出された微生物の例

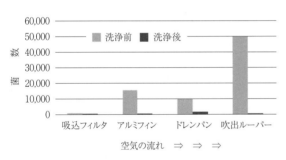

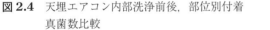

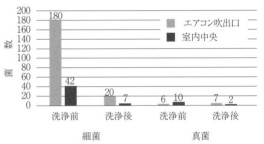

図 2.4　天埋エアコン内部洗浄前後，部位別付着真菌数比較

図 2.5　天埋エアコン内部洗浄前後の吹出口と室内空気中の浮遊菌数比較

められる。エアコン全体で見た場合，洗浄による汚れの減少度合が洗浄前に比べ 98.5％減となった（図 2.4）。さらに，洗浄前後の浮遊菌検査の結果では，エアコン吹出口で 89％，室内では 83％の減少度合であった。これらの結果は，エアコン内部に堆積した汚れが室内の空気の質に大きな影響を与えていることを示しており，洗浄前のエアコン内部ドレンパンの汚れがかなり激しかったことも関連している（図 2.5）。

エアコンユニットの小型化，設置コストや天井スペースの有効利用等，「天埋カセット型エアコン」の普及は増加の一途をたどっている。しかし数量が多い割に「分解洗浄」はあまり行われ

ていないのが現状である。夏の冷房時期には，エアコン内部熱交換フィンが温度差で結露し，フィンの間に堆積した汚れは水分を含んだ状態になるので，運転中の飛び出しは少なくなる傾向にあり，暖房時期には，堆積した汚れが乾燥し，運転中，常に飛び出して室内に拡散している状態になることが考えられる。

　以上，「天埋カセット型エアコン」を例に現場だけではできにくい分解洗浄の必要性と，その効果を検証した事例を紹介した。常時低い温度で操業される食品工場であっても，年間スケジュールの中でエアコンの分解洗浄を定期的に行う仕組みを整えるべきである。

2.3　食品製造・加工段階の空気に求められる「質」

　製造・加工段階の食品の安全性を確保するためには，加熱食品であればまず加熱後の製品が置かれる室内の空気管理の基準を設定することと，その運用が鍵となる。

　特に加熱（焼成）後，製品の粗熱をとることを目的とした自然放冷工程には，大きな問題が隠れている。例えば，加熱（焼成）後，搬送コンベアに乗せてゆっくり粗熱をとるような場合，あるいは放冷用のラックに乗せて粗熱をとるなどの場合で，放冷時間の長さもあるが，包装までは製品が室内でむき出しの状態であり，空気中からのカビ胞子などによる二次汚染の可能性が考えられる。

　放冷用のコンベアは，設置スペースを考慮した縦型が多く，塵埃等が堆積した天井面近くを通ることがあり，塵埃等の落下が懸念される。また，放冷用ラックは効率を考えて，たくさん載せられる構造であるが，洗浄された形跡が見られない汚れたままのものが使用されていることもあり，製品に与える影響が危惧される。

　このように加熱（焼成）工程後の食品の放冷工程での真菌（カビ・酵母）汚染が最も心配されるところで，その対策としてこうした製造工程の空気管理基準の設定・運用が不可欠なのである。

2.4　空気の食品に対する安全性確保

　食品工場における「カビ・酵母」発生・増殖の多くは，空気管理上の問題であり，二次汚染をどう防ぐかにある。次に，空気の食品に対する安全性確保についての問題点と対策を整理した。

① 食品工場の加熱工程のある製品で微生物クレーム，特に真菌（カビ・酵母）が多い場合は，加熱後の環境に問題がある

② 真菌の汚染は，加熱以降の二次汚染が原因であり，空気の清浄度管理および環境管理の仕組みづくりと運用が最も重要である

③ 真菌は，粉，高湿度，結露を好み，こうした製造環境でクレームが出始めるとなかなか終息せず，終わりのない戦いになる可能性が高い。早めに管理システムを組むことが汚染を最小限に抑えるコツである。例えば，

- 加熱工程での余剰蒸気処理の方法および管理システムの構築
- 冷却・放冷工程での結露の処理方法および管理システムの構築
- 綺麗な空気（微生物汚染，汚れのない）を維持するための空気清浄管理

などが挙げられる。

④ ポイントは，余剰蒸気，結露の管理，空気清浄管理（給排気・空調機の管理が最も重要，しかし空調機が汚染拡散機になっているケースが多い）

3. 空気環境の危害要因分析—HACCP手法の導入と実際

空気環境の危害要因分析を進めるためには，HACCP手法の導入が有効である。

HACCPでいう危害要因（ハザード）の分析を空気環境に適用した場合，製造過程のどこでどのような危害要因が食品に混入し，危険が増大する可能性があるか，その危害の大きさを分析する。ハザードとしては，HACCPで想定している3つの危害（物理的，化学的，生物学的危害）の内の主に生物学的危害，つまりここでは真菌が対象となる。

そして，その危害要因分析に基づき，問題が起こってから対処するのではなく，起こる前に特定された危害要因を，どこでどのように制御（クリティカル・コントロールポイント：重要管理点）するかを決める。

その分析も管理方法も「経験上これで大丈夫」ではなく，科学的に決定し，そして誰にでも（訓練すれば）できるようにすることが求められる。

3.1 危害要因分析に取り組むための要件を確認する

前述したコーデックス「食品衛生の一般原則」に基づいて，実際に取り組むべきこととしての要件を以下に示した。

① 危害要因（ハザード）の予防的なコントロールをオペレーション（製造作業）の適切な段階で行う
② 予防的なコントロールにより，食品の安全性が損なわれるリスクを低減する
③ 食品の製造や取扱いに合致した原料や加工などへの要求内容を決める
④ 効果的なコントロールシステムの設計，実施，モニタリングおよび見直しを行う

食品の製造加工は，事業所によりあるいはラインごとに変化することが多く，作るものが変わったり，製造する人員が変わったりすることで，当初の空気清浄度で想定した条件から逸脱する恐れがある。こうした変化の度に，製造作業時に起こり得るリスクを予防的にコントロールする手段を基礎とした上で，空気環境の危害要因分析に取り組むべきである。

3.2 真菌汚染リスクマネジメントの導入の実際

筆者の会社では，空気環境の危害要因分析をより実践的に実施してきた実績を基に，"真菌汚染リスクマネジメント"を作成しその導入手順を次のように定めている。

① まずクレーム分析を行い対象となる相手を明らかにする（真菌の同定・工程間の調査）。
② 次に真菌リスク診断を行い，真菌汚染の特性要因の特定と改善・問題解決策の抽出（真菌リスク分析，同定および環境，工程の改善策・問題解決手段）を行う
③ 実施段階として真菌汚染防止のスケジュールを決定し実施する
④ 実施後は，問題改善の予防システムの構築・運用および効果判定を行う
⑤ システムの導入（実行，文書化）に伴う検証から，管理基準，運用基準を策定する
⑥ 最終段階としてそれまでの実績を基に全体の費用有効度を確認する

という流れである（図 2.6）。

3.3 導入手順を基に，真菌汚染リスクを診断した事例

＜1．問題の発生と状況の把握＞

図 2.6 に示した導入手順を基に，実際に進めた事例を紹介する。

ある年の1月〜半年間はカビクレームが0件であったが，6月からの半年間に23件の真菌クレーム（真菌は同定して確認）が起こった例で，クレームを引き起こしていたカビは，主として *Penicillium* sp. と *Cladosporium* sp.，で，稀に *Rhizopus* sp. であった。特に，夏場に急増した（図 2.7）。

こうした事態に対し，真菌汚染リスク診断（工程・環境）として，工程別に，現状を確認しながらリスクにつながる特性要因を抽出・分析し，どこでどのように対策するかを策定するため，「特性要因図」を作成して検討した（図 2.8）。

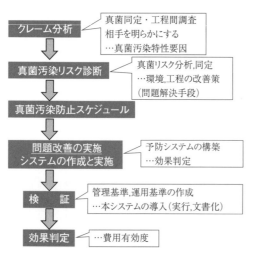

図 2.6 真菌汚染リスクマネジメント導入手順

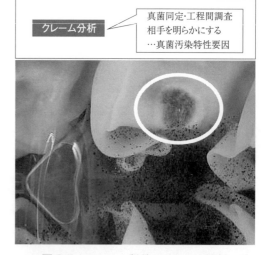

図 2.7 クレーム製品・クレーム分析

3. 空気環境の危害要因分析—HACCP手法の導入と実際   45

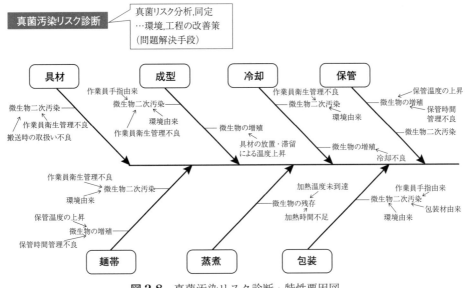

図2.8 真菌汚染リスク診断・特性要因図

表2.1 真菌の汚染状況把握（工程簡易同定）

工　程		改　善　前						
		酵　母				カ　ビ		
		白	ピンク	黄色	グレー	白	青緑	黒
成　型	成型機	●	●		◎	○	○	○
	空気環境					◎	●	◎
	成型後中間製品	●			◎	○	○	○
蒸　煮	蒸し機内							
	蒸し後フード	◎				○		
	蒸し後中間商品	◎						
冷　却	クーリングコイル	○						
	壁	○	○					
	床	●						
	結露水	◎						
	冷却後中間製品	○						
充　填	充填者手指	○						
	コンベア	○	○					○
	ブース床面	●						
	製　品	○				○	○	

●：非常に多い　◎：多い　○：少ない

　また，真菌の汚染状況を把握する目的で，各工程における改善前の微生物検査を行い，簡易的な同定を実施した（**表2.1**）。簡易同定結果から，定性的ではあるが成型室では，酵母が成型機および成型後の中間製品，冷却室床面，充填室クリーンブース床面で非常に多く，特に成型機の汚染は製品に影響している可能性が示唆された。カビでも成型室の空気環境から多く出ているとい

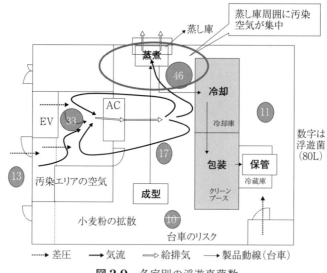

図2.9 各室別の浮遊真菌数

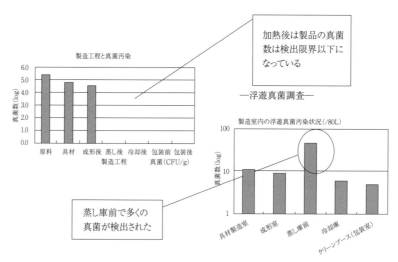

図2.10 工程毎の製品検査と各室別浮遊真菌

う結果が確認された。

これらの結果を受けて，環境の汚れの状態を把握するために，浮遊真菌を指標として各室の真菌量を確認した。関連する事項として，差圧，気流，給排気，製品動線（台車）について調査し，浮遊菌量との関係性を推測した。関連する気流や給排気の状態から蒸煮，特に蒸し庫周囲に汚染空気が集中しているなどが確認された（**図2.9**）。

また，リスク診断のための製造工程ごとの製品検査結果では，加熱後製品の真菌数が検出限界以下であったが，各室別の浮遊真菌の状況では，蒸し庫前で多くの真菌が検出され，製品への影響は見られていないが，蒸煮工程以後に環境からの二次汚染の可能性が考えられた（**図2.10**）。

さらに，各室別の浮遊真菌と，製造環境の真菌（*Cladosporium* sp.：クラドスポリウム，*Penicillium*

表 2.2 製造環境の真菌検出状況

a) 空中浮遊真菌の検出状況

工程	糸状菌 No.		
	Cladosporium sp.	*Penicillium* sp.	その他
成型室	●	◎	◎
冷却室	○		
包装室		◎	

●：非常に多い（＞10CFU/80L）　◎：多い（＞3〜10CFU/80L）　○：少ない（＜3CFU/80L）

b) 製造環境の真菌検出状況

工程		糸状菌 No.		
		Cladosporium sp.	*Penicillium* sp.	その他
成型	蒸し庫フード	○	◎	◎
	成型室床面	◎	○	○
	搬送台車棚	○		
	搬送台車車輪			
冷却	冷却庫冷却ファン			○
	冷却庫天井・壁			
	冷却庫床面			○
包装	包装コンベア		○	○
	包装室床面	○		

●：非常に多い（＞10^4CFU/100cm^2）　◎：多い（＞10^3〜10^4CFU/100cm^2）　○：少ない（＜10^3CFU/100cm^2）

sp.：ペニシリウムでの比較）検出状況を見ると成型室は要注意であり，空気を介しての汚染拡散が進行しているとの認識を得た（**表2.2**）。

製品の真菌の二次汚染の原因として考えられたのは，洗浄プロセスで汚れを落としきれないまま殺菌剤を多く使用していたため，耐性菌が出現していたことと，給排気や気流などの影響で，蒸煮工程以降の空気環境が高い割合で真菌に汚染されていたことが，二次汚染につながったのではないかと思われた。

＜2. 問題の整理とリスクコントロールのための具体的な改善の実施＞

そして，把握された状況を整理して，原因を次の３つに絞り込んだ。

1. 空調の真菌汚染（汚染の拡散）
2. クリーンブース内の真菌汚染（コンベア・床）・台車の汚染
3. 成型室が強い陰圧となっており，蒸し庫フード内に真菌の落下

次に，これら3つの原因の具体的な改善内容を検討し，「真菌汚染防止システム」として実施する仕様を定め，スケジュール化を進めることとした。

■真菌汚染防止システム

⇒ 空調の真菌汚染への改善策（汚染の拡散を最小限にする対策）
　　① 環境面のリセット洗浄殺菌＊（結果を基に管理基準を設定）

⇒ クリーンブース内の真菌汚染（コンベア・床）および台車の汚染への改善策
　　② クリーンルームリセット洗浄（結果を基にSSOP作成）
　　③ 台車のリセット洗浄（結果を基に管理基準と日々の運用基準を設定）

⇒ 成型室の陰圧状態と蒸し庫フード内の真菌落下への改善策
　　④ 成型室の陰圧対策（ハード面の改善）
　　⑤ 外気導入で陰圧の解消
　　⑥ 製造ラインのリセット洗浄・殺菌（SSOP作成）

さらに実施した対策と効果を基に，年間計画に組み入れて，継続的に「真菌汚染防止システム」として運用することを目的に管理基準値（暫定）の設定を行った（**表2.3**，**表2.4**）。

以上，実際の事例を基に，空気環境の危害要因分析を進めるための基本的要件とその進め方について紹介した。

表2.3 浮遊真菌，付着真菌のための管理基準（暫定）

a) 浮遊真菌

製造室	基準値（CFU/80L）	清浄度	現　状
具製造室	15	準清潔区域	11
成型室（成型側）	15	準清潔区域	10
成型室（蒸し庫側）	5	清潔区域	46
冷却庫	3	清潔区域	6
クリーンブース（包装室）	3	清潔区域	5

b) 付着真菌数

製造環境	基準値（CFU/100cm^2）	現　状
蒸し庫フード	100	600
冷却庫クーリングコイル	100	300
クリーンブース（包装室）コンベア	100	700

結露水	基準値（CFU/mL）	現　状
蒸し庫フード結露水	10	$3×10^5$
冷却庫結露水	10	2,800

＊リセット洗浄殺菌：本来の機能が失われる恐れがある場合に行う清浄度回復作業で，管理基準設定を前提とした専門家が行うリスク0（ゼロ）ベースに向けた洗浄作業。

表 2.4　台車管理のための管理基準値（暫定）

製造室	基準値（CFU/拭き取り面）	現状（CFU/拭き取り面）	清浄度
具製造室	10,000	$> 3 \times 10^5$	準清潔区域
成型室（成型側）	10,000	$> 3 \times 10^5$	準清潔区域
成型室（蒸し庫側）	1,000	$> 3 \times 10^5$	清潔区域
冷却庫	100	46,000	清潔区域
クリーンブース（包装室）	100	5,100	清潔区域

台車管理の強化のために基準値を設定（各工程間を台車が巡回，床からの真菌汚染防止を目的として）

4. 空気質の管理を基礎としたクリーンエリアの管理

4.1　重要なクリーンエリアコントロールの中心は空気である

ここでは食品製造に使用しているクリーンルーム（あるいはクリーンブース）の管理について考えてみたい。表題にも示した通り，クリーンエリアのコントロールは空気環境の管理が最も重要な要件となる。図 2.11 に示したのは一般的なクリーンルームの空調システム模式図であるが，基本は微粒子対象の産業用クリーンルームと同様の方式となっており，必ずしも食品製造向けとなっているわけではない。前項の事例では包装ラインにクリーンブースを設置している。

ひとつ言えることは，管理を怠ると通常の製造区域よりも製品に影響が出やすいことで，クリーンブース内の真菌汚染（コンベア・床）および台車の汚染が進んでいることが確認されている。

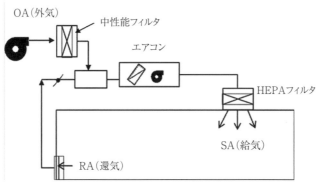

図 2.11　一般的なクリーンルーム空調システム

4.2　思い込みによるクリーンルームの弱点と基本要件

図 2.11 にあるように，クリーンルームは高性能（HEPA）フィルタによって清浄な空気を室内に供給し，換気回数を多くして常に清浄な空間を保つ設計仕様となっている。しかし，クリーンルーム建設当初の能力（空調システム等）を超える製造ラインの変更やクリーンルーム内の機器類，作業者数の増加は，汚染増加につながり，それが製品に影響することも十分あり得る（図

管理不足で傷みが目立つHEPAユニット

還気用ガラリと内部に堆積した汚れ

製造ラインの変化で作られた開口部

図 2.12 クリーンブースの管理不備の例

2.12)。「クリーンルームはきれいなんだ」という思い込みは，禁物である。

では，食品製造クリーンルーム（ブース）の基本要件とはどのようなものなのか，その一例としては，

① 製造特性および製造時におけるリスクコントロールの手段が明確にされていること
② クリーンルーム内での移動人員が多くても，陽圧維持が可能であること
③ 空気環境の監視および空調を含めた計画的な予防的管理が可能であること

などが挙げられる。

上記の3つの要件を補足すると，

「①」では，ある一定の食品製造の条件で作られたクリーンルーム（空調システムを含む）は，その前提となる条件を超えるラインの増設・追加があった場合，新たなハザード・リスクを生み出すという認識が必要である。

「②」の補足としては，クリーンルーム（あるいはブース）の中で行われる作業は，製造（加工）する食品の特性を中心に組まれており，付帯する作業者の内部移動，室外への出入り等は設計仕様の範囲内でなければならない。どの程度の範囲を想定するかは，現状の作業を分析し，陽圧状態が破壊されないような設定が必要である。

「③」の補足は，クリーンルーム機能の中心とも言える，空気環境の監視および空調システムを含めた計画的な予防管理を進めるための仕組みが運用できること，などである。

4.3 クリーンブース運用時の不備が招いた真菌汚染リスク事例

クリーンルーム（ブース）建設時に，リスクを考慮した設計や，陽圧維持のための仕様をハード的要件として組み入れるのはもちろんのことであるが，肝心なのは，運用時における計画的な予防的管理の重要さを認識したうえで，監視（モニタリング）や検証（ベリフィケーション）を組み込み，仕組みとして動かすことにある。

「クリーンルーム（ブース）だからきれいなはず…」，というだけで放置されているケースは珍しくなく，計画的な管理を怠ったがために製品クレームが増加した例も見受けられる。

そのような事例の中から，クリーンブースの温調型（温度調節型）フィルタファンユニット内部の真菌（カビ・酵母）汚染リスクに対応した事例を紹介する。

＜1．問題点の把握＞

対象としたクリーンブースは，空調機からフィルタファンユニット（FFU）を通じてブース内に給気される構造で，吹出し口には中性能フィルター（90％性能）が設置され，きれいな空気が供給されていた。温調された空気ではないためブース内に空調機を設置して温調を行っていた（図 2.13）。空調機および FFU の管理が不十分で内部汚染が進み，ブース内に汚染された空気が供給されている状態であった（図 2.14）。

また，FFU は5台でブース内に空気を供給する構造だが，FFU から適正な風量が出ていないため，ブース外部の汚染された空気を引き込んでいた。原因は，FFU のフィルタおよびユニット内部が管理されておらずブース内に供給される空気量が減少していることによるものであった（図 2.15）。

さらに，同じタイプのクリーンブースがもう1カ所あり，同様に内部の真菌（カビ・酵母）汚

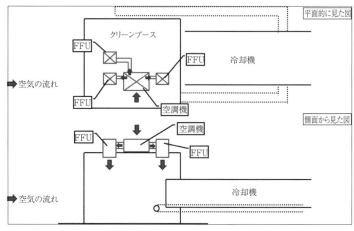

図 2.13　クリーンブース FFU 配置概要（平面・側面）

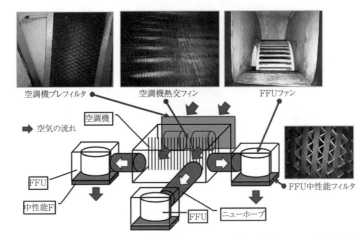

図 2.14 クリーンブース空調機，FFU 写真と空調システム模式図

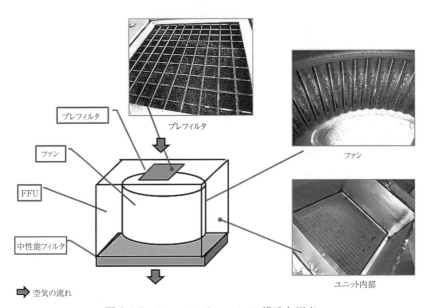

図 2.15 クリーンブース FFU 構造と写真

染リスクへの対応を進めた。このブースの FFU は，温調されていないが，構造は同様で供給された空気は製造ライン等の隙間から外部にリークするのが正常な形である。しかし，FFU の管理が不十分のため，給気量が減少しており，製造ライン等の隙間から汚れた空気がクリーンブース内に入り込んでしまっていた（**図 2.16**，**2.17**）。

どちらのブースも同じような原因（管理不足）で本来の機能が低下してしまっていたので，FFU 内部の真菌（カビ・酵母）汚染リスクに対応した改善項目を定め，実施した。

＜2．クリーンブース真菌汚染リスクへの対応＞

改善項目および結果は，以下の通りである（**表 2.5**）。

4. 空気質の管理を基礎としたクリーンエリアの管理

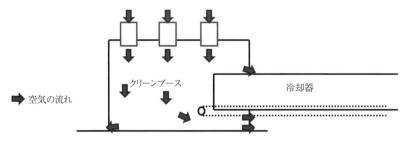

図 2.16 クリーンブース内部の正常な状態での空気の流れ（側面図）

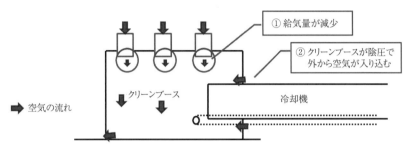

図 2.17 FFU の管理が不十分でブース外部から汚染空気が流入（側面図）

表 2.5 改善実施後の効果測定

対　象	温調型フィルタファンユニット			フィルタファンユニット	
	浮遊真菌（単位：個）			風量（m³/h）	
	No.1	No.2	No.3	No.1	No.2
洗浄前	7	10	9	194	334
洗浄後	1	2	1	684	760
改善率（％）	700	500	900	353	228

⇒　温調型ファンフィルタユニット改善項目

① プレフィルタ交換

② 空調機洗浄

③ ダクト洗浄

④ ファンフィルタユニットの洗浄

⇒　ファンフィルタユニット改善項目

① プレフィルタ交換

② ファンフィルタユニットの洗浄

③ 中性能フィルタ交換

※ **表 2.5** 改善実施後の効果測定結果参照

※ 製品保存テストでは，定めた基準内であり，ほとんど真菌は検出されなくなった。

4.4 バイオバーデン（環境微生物負荷）のコントロールと管理の文書化

次に，空気環境と同様に重要なのが環境の管理である。クリーンルーム（ブース）環境の微生物負荷（バイオバーデン*）のコントロールは，空調システムの管理同様，クリーンエリアの必須管理項目に位置付けられている。

食品の製造・加工環境の微生物管理，特に最終喫食者が限定される食品は，意図する用途が明らかになっており，その製造・加工環境は高度な清浄度で微生物制御がなされた状態が維持される必要がある。よって，その管理方法の設定や，根拠を明確にしての文書化およびその更新により，恒常的な製造・加工環境の清浄度維持管理を図ることが可能になる。

4.5 クリーンエリア—5つの洗浄殺菌作業実施例

クリーンエリアの洗浄殺菌作業は管理の柱である。製造・加工作業に悪影響を与えるクリーンルーム環境の微生物負荷のコントロールには欠かせない要件である。クリーンエリアの洗浄殺菌作業として，洗浄作業には，基本的なパターンとして5つのものがある。パターンを現場の状況に合わせた形で実施するのが効果的である。

① 初発洗浄殺菌作業

　竣工時に行う洗浄殺菌作業で，建設時の汚れ，塵埃等を除去し，クリーンルームの使用目的に沿った清浄度確保を行う作業。

② リセット洗浄殺菌

　臨時工事や機器・装置の交換等で，本来の機能が失われる恐れがある場合に行う清浄度回復作業（ブレイク時の清浄度回復作業。HAPAフィルタ交換時などに行う）。

③ 問題解決のための洗浄殺菌

　食品製造上問題となる有害な特定菌を対象に，環境調査モニタリングとの組合せで行う清浄度回復作業。

④ 定期洗浄殺菌作業

　標準化された日常保清作業を基本に，専門管理との組合せで行う定期的な洗浄殺菌作業。

⑤ 日常保清作業

　日常的な管理業務として行われ，標準化された日常保清作業であり，現場特性に合わせた仕様をスケジュール化して清浄度維持を図る。

＜1. リセット洗浄殺菌（ブレイク時の清浄度回復作業）作業事例＞

上記①～⑤の中から，例として，②のHEPAフィルタ交換時に行う「リセット洗浄殺菌作業

＊バイオバーデン（Bioburden）；製品／環境等に存在し生育し得る微生物集団。細菌・真菌が対象

4. 空気質の管理を基礎としたクリーンエリアの管理

（ブレイク時の清浄度回復作業）」の実施概要を示す。HEPAフィルタ交換工事が終了した時点で開始し，以下の手順で作業を進める。

a) 除塵・洗浄作業

除塵用クロスあるいはHEPAフィルタ付真空掃除機で室内全体を除塵し，有機物および汚れの付着部分に関しては洗剤を使用して汚れを除去する。

b) 清拭・殺菌作業

清掃あるいは洗浄後，対象域全域を殺菌洗浄剤（含第4級アンモニウム塩殺菌剤）での細部にわたる清拭を実施，製造・加工機器への影響を考慮し，また確実性を目指して塗布法による殺菌作業を実施する。

b)-1 一次清拭作業

HEPAフィルタ交換工事に伴う汚れ，手垢，塵埃等の除去を中心に実施し，特に，打合せで実施決定した備品類等は必要に応じて除塵，アルコール殺菌を行い稼働に備える。

b)-2 二次清拭殺菌

製造・加工時のライン稼働がすぐできる状態にすることを目的として，殺菌剤は塩化ベンザルコニウム2％液に殺菌用アルコール10％を加えた液を使用する。

c) 殺菌作業実施効果確認のための表面付着菌検査

・採取方法：スタンプ法による
・評価方法：フードスタンプ（日水製薬）標準寒天培地（一般細菌用）
・評価方法：35℃，48時間培養し，培地表面の発育コロニー数をカウント
・測定ポイント：指定ポイント数
・判定基準：5コロニー/10 cm^2 以内

リセット洗浄効果維持を目標として管理目標を定めて検証し改善につなげる（**表2.6**，**図2.18**）。

表2.6 浮遊菌，付着菌を指標にした管理基準設定の例

クラス	空中微生物数（CFU/m^3）	表面付着菌微生物（CFU/24～30cm^2）
1,000	10 以下	5 以下
100,000	100 以下	25 以下

第14改正日本薬局方 無菌医薬品製造区域の微生物評価試験法に関する情報からの参考基準

床面の機械洗浄　　　　汚水の回収　　　　壁面の洗浄　　　　洗浄汚水の回収

図2.18 リセット洗浄殺菌の例（床面，壁面等）

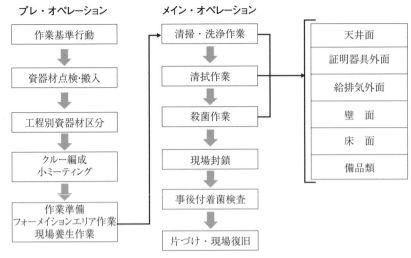

図 2.19 実施工程表の例

※ 管理基準値の設定例

d) 実施工程

実施作業は，図2.19に示した工程に沿って進めるが，特にプレ・オペレーションとした準備段階を重視するなど，殺菌作業を円滑に進めるために作業者の動きに注意を払っている。

e) 行動基準

・事前行動

　i) 事前調査訪問

　ii) 提案書，見積，仕様の提出

　iii) オペレーションの打合せ対象となる場所の各素材確認，実施工程，時間，緊急時の対応策などの確認

・準備行動

　i) 前日に入浴（頭髪は洗髪）し，爪は切り，風邪気味，体調不良の者は作業に従事しない

　ii) リーダーの指示により使用資器材の搬入およびミーティングを行う

　iii) 手指の洗浄，消毒殺菌は十分に行い，指定された衣服，靴，マスク等を着用し清潔区域に入場

　iv) 資器材は，清潔区域に搬入する前に清拭殺菌を行う（室内で清拭，殺菌に使用する用具類は予め滅菌水で調整した殺菌剤に浸漬する）

　v) 作業開始前に，実施場所，手順等について確認する

・作業行動

　i) クルーを編成し，オペレーションに組込まれたフォーメイションに従って行動し，リー

ダーの指示に従う

ⅱ）指定された作業方法を厳守し，個人的な理由による変更は認めない

ⅲ）食事，休憩，小休止等はリーダーの指示で行う

・**作業終了後の行動**

ⅰ）使用した清拭用具類は丁寧に洗浄，殺菌して次の作業に備える

ⅱ）全ての作業が終了した場合，所定のユニットボックスに収納する

f）使用資器材

使用する資器材は，作業別に整理し，事前に必要な洗浄・殺菌等を実施して清潔なユニットボックスなどを利用し収納しておく。現場到着後は，クリーンエリアに持ち込むための内・外での受け渡しを行う（図2.20，表2.7）。

搬入した資器材類

準備作業（ユニットボックス利用）

図2.20　使用する資器材類

表2.7　使用する資器材の例

作業工程	資材類	機器類	用具類
清掃工程	カチオン系洗浄剤	HEPA付バキューム バイオカート ステンレス製バケツ	ハイジンクロス ダストパン 養生ポリシート マイクロモップ アルミハンドル ワイプクロス　他
清拭工程	第4級アンモニウム塩 洗剤	バイオカート ステンレス製バケツ 工具類 脚立	ワイプクロス ワイプスポンジ ハンドパッド リーチポール スクイジー マイクロモップ　他
殺菌工程	塩化ベンザルコニウム 消毒用エタノール	バイオカート ステンレス製バケツ 小バケツ 脚立	ワイプクロス ワイプスポンジ ハンドパッド リーチポール ムートンカバー　他
薬剤調整	清拭工程　第4級アンモニウム塩殺菌洗剤　0.5％液使用		
	殺菌工程　塩化ベンザルコニウム＋消毒用エタノール		

g）報　　告

作業終了後，2週間以内に菌検査結果表を添付した「報告書（写真添付含む）」を提出する。

以上，製造・加工作業に悪影響を与えるクリーンエリア環境の微生物負荷のコントロールに欠かせない要件として「環境洗浄殺菌」の進め方について紹介した。空気環境と環境の清浄化は一体で進めるべきであり，高性能（HEPA）フィルタの交換頻度を多くするだけではエリア全体の清浄度を維持することは難しい。

5. 昆虫管理で素早い問題解決──カビが呼び寄せるチャタテムシ

5.1　昆虫は食品製造環境のインジケーター

昆虫は製造環境の状態を忠実に反映するので，昆虫の生息状況を調べることで環境がわかる。昆虫は，製造環境のインジケーター（指標）とも言われている。前述したコーデックス「食品衛生の一般原則」でも基盤となる施設全体で管理する前提条件プログラムの中で，ハザードの有効なコントロールを可能にするために要件として，「有害小動物コントロールシステム」を挙げている。

製造・加工段階での環境微生物負荷のコントロールは，空調システムの管理同様，製造環境の必須管理項目である。さらに，製造環境のインジケーターとしての昆虫管理を加えて，総合的な問題解決をできるだけ早く，確実に行えることが本来の「サニテーション・マネジメント」の考え方であり，食の安全を支える HACCP を土台にしたリスクコントロールである。

図 2.21 は，侵入，室内発生昆虫の分類をしたものであるが，今回のテーマと関わりの深い「カビから発生…チャタテムシ」を指標にしたサニテーション・マネジメントとしての昆虫管理について，事例を基に紹介する。

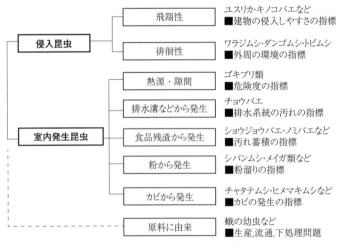

図 2.21　侵入，室内発生昆虫分類表

5.2 チャタテムシなどを指標にしたカビ対策

食品に昆虫が混入していたら誰が見ても欠陥商品であり，食品工場の衛生管理や，作業従事者の衛生意識に対する疑いや不信が起こるのは当然である．しかし残念ながら，それは「仮の話」ではなく，**図2.22**に示したような状況が少なからぬ製造現場で見られるのも現実である．チャタテムシが棲みやすい環境は，定期的な昆虫管理がされていないことからできてしまう場合が多いので，先ずその生息環境調査から手をつける．

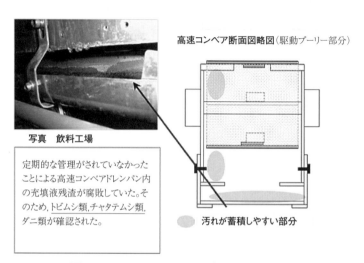

図2.22 チャタテムシが生息しやすい環境例

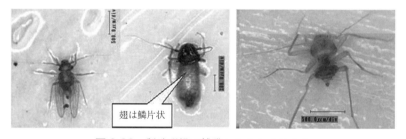

図2.23 製造現場で捕獲したチャタテムシ

表2.8 チャタテムシの増殖速度

期間（日）	世　代	個体数
20	第2世代	100
40	第3世代	5,000
60	第4世代	250,000
80	第5世代	12,500,000

チャタテムシの産卵：1雌あたり100個/1産卵
25℃では20日前後で成虫となる．計算上3ヵ月で1千万個体以上となる

チャタテムシは，淡褐色で，幼虫は群生し，多湿で薄暗い環境を好み，ダニ類と誤認されることがよくある．チャタテムシは，カビを食べるので，カビの生息に適した，湿気がたまりやすい場所から発生している可能性がある．梅雨時から夏にかけてが繁殖シーズンで，この時期になると条件次第では大量発生し，湿度が70％以上，温度が18度以上の場所では一気に増殖する（**図2.23**，**表2.8**）．

チャタテムシなどの対策で重要なのは，根本原因を断つことであり，製造環境の状態を詳細に点検し，現象として見られる次のような問題箇所を見つけ出すことにある。つまりカビの発生しやすい場所である。

- 結露（空調機，ダクト，冷蔵設備，外気との断熱，CIP 蒸気等）
- 空気の滞留（ライン機器の裏側や空気だまりが起きやすい場所）
- 洗浄水の残存，飛散（乾燥が不十分：ケーシング内部等）
- 水漏れ（排水管・配水管・蒸気配管のジョイント）
- 雨漏り（外壁ひび割れ，屋上防水，棟の継ぎ目，天井裏）

5.3 サニテーション・マネジメント事例──飲料工場のカビ除去とチャタテムシ

では，実際に飲料工場における充填室内，製造機械周囲からの昆虫発生に対処した事例より，具体的な対策とその結果について紹介する。

対象となった製造現場の点検の結果，確認された場所別のカビ発生を図 2.24 に，生息していた昆虫類を図 2.25 に示した。

製造現場のカビは，製造機器類の下部，あるいは裏側等の隙間など見えにくい場所，つまり洗浄しにくい場所であり，効果的な作業を行うための仕様が重要となってくる（図 2.26）。

実施した飲料工場充填室の機器配線殺カビ洗浄の実施手順を以下に示す。作業しにくい場所なので，手順を追って洗浄漏れや周辺への影響が出ないように，丁寧な進め方が求められる。効果の確認は，事前・事後でのモニタリングで行った。

① 洗浄対象箇所および周囲駆動部電源の確認
② 汚染防止・漏電防止養生実施
③ 次亜塩素系洗剤を 20 倍に希釈し，スプレーヤにて散布またはウエス（機械類の油を拭き取り，汚れなどの拭き取りに用いる布）で塗布する，結束バンド（インシュロック）が妨げになる場合はカットし，洗浄後新しいものに交換する
④ 対象箇所擦り洗い
⑤ 流水洗浄（リンス）
⑥ 清　　拭

5. 昆虫管理で素早い問題解決－カビが呼び寄せるチャタテムシ

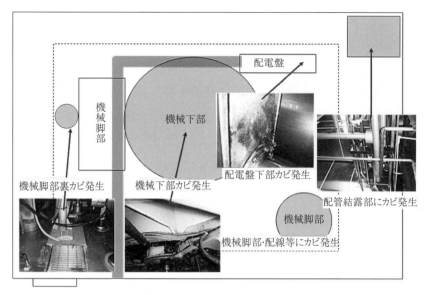

図 2.24 製造現場（平面図）において確認されたカビ発生箇所

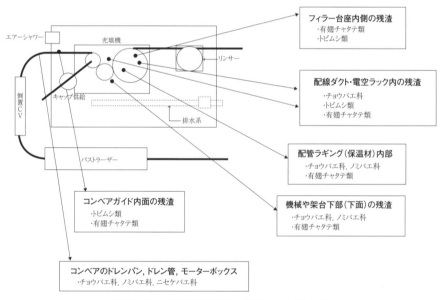

図 2.25 製造現場概要と確認された昆虫類

※インシュロックにより結束されているため，細部まで洗浄しにくい箇所もある。

図 2.26 配線裏面に発生しているカビ

図 2.27 充填室 機器上部配管

もう一つの例として、同工場充填室の機器上部配管結露部の洗浄実施手順を紹介する（**図 2.27**）。主にステンレス露出配管に結露し、カビが発生している状態であり、洗浄効果の確認も同様に事前・事後でのモニタリングで行った。

① 二次汚染防止・漏電防止養生実施
② 20 倍に希釈した次亜塩素系洗剤にウエスを浸漬し、堅く絞り清拭
③ 水拭きウエスにより清拭（リンス）

そして、事前・事後モニタリング仕様を以下のように定め、継続して状況を監視した。

① 実施約1週間前に粘着トラップ設置
② 実施約1週間後に粘着トラップ設置
③ 1週間あたりのチャタテムシ捕獲数を調査し、洗浄効果を検証した（**図 2.28**）

結果は、**図 2.28** に示した通りで、洗浄しにくい場所であったが結果としてチャタテムシが減少し、混入リスクを低減することができた。

この事例は、事前に現場を診断して定めた洗浄手順の基本を遵守しながらの現場対応が効果的であったことを示すものであり、カビ洗浄除去がチャタテムシ対策に有効であることを根拠づけるものであった。

以上のように、「カビ・虫混入クレームを減少」のためには、空気管理・環境管理・昆虫管理それぞれの関連性を認識し、総合的なリスクコントロール対策を進め、問題解決をできるだけ早く、確実に行うことがサニテーション・マネジメントに繋がると確信している。

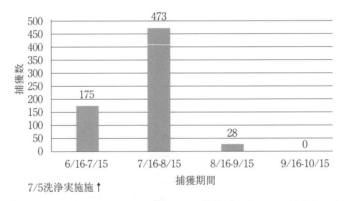

図 2.28 チャタテムシのモニタリング結果（ライトトラップ捕獲数 / 月）
洗浄後も成虫はしばらくの間生存しているため、一時的に捕獲数が増加したが、生存期間の2カ月を過ぎてゼロとなった

6. 空気清浄管理システムの構築

6.1 リセット洗浄結果をベースとした管理基準値の設定

「3. 空気環境の危害要因分析」で紹介した"真菌汚染リスクマネジメント"の実施事例では，リセット洗浄を中心とした作業を実施し，「真菌汚染防止システム」として年間管理計画の中で運用することを目的に管理基準値を設定した。

「真菌汚染防止システム」として実施した改善策は（**表 2.9**），システムの維持管理上必須のものであり，それらは管理基準の根拠とも言うべき各種リセット洗浄が中心となっている。その中からいくつかのリセット洗浄実施の様子を示した。

表 2.9 真菌汚染防止システムとして実施した改善策

改善項目	具体的改善の実施項目
空調の真菌汚染の改善策（汚染の拡散を最小限にする対策）	環境面のリセット洗浄殺菌（管理基準）
クリーンブース内の真菌汚染（コンベア・床）および台車の汚染への改善策	クリーンルームリセット洗浄（SSOP 作成）
	台車のリセット洗浄（管理基準と日々運用）
成型室の陰圧状態と蒸し庫フード内の真菌の落下に対する改善策	成型室の陰圧対策（ハード面の改善）
	外気導入で陰圧の解消
	製造ラインのリセット洗浄（SSOP 作成）

表の具体的改善策の実施と効果を基に，年間計画に落とし込んで継続的に「真菌汚染防止システム」として管理基準値（暫定）を設定

6.2 リセット洗浄に付随して関連する項目を整備

例えば，包装室コンベアのリセット洗浄（**図 2.29 d**）では，真菌汚染防止システムへの日常清掃導入に必要な SSOP の作成を行った（**図 2.30**）。SSOP とは，衛生標準作業手順（Sanitation Standard Operating Procedure）のことであり，標準化すべき衛生作業の手順を文書化したもので，一般衛生管理プログラム（あるいは前提条件プログラム）を管理するには SSOP の整備が重要である。なぜなら，SSOP は対象作業ごとに細かく変化するので単純な一般化は困難であり，手順を文書化しておかないと，作業者の勝手な判断で手順が変更される可能性があるからである。

その他，関連する項目として，工程手順を見直し，工程手順に日常清掃・洗浄の組み入れを進めた。役割分担を明確にすることと，実行を確実にするために，計画欄および実施欄に清掃内容を A, B, C で記入することとし，定着を目指した（**図 2.31**）。

第2章 空気環境の危害分析と空気清浄管理によるカビ汚染防止

a) 排気フード内リセット洗浄

フード内リセット洗浄・結露水の除去・天井面殺カビ洗浄

b) 冷却器，冷却庫リセット洗浄

クーリングコイル分解リセット洗浄および冷却庫リセット洗浄

c) 空調機分解リセット洗浄

d) 包装室コンベアリセット洗浄・日常洗浄

図2.29 リセット洗浄実施の様子

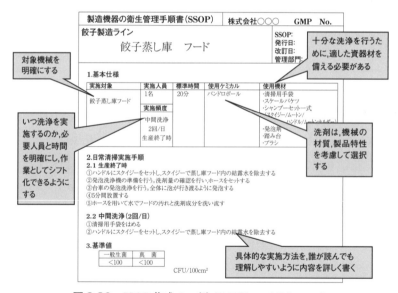

図2.30 SSOP作成の一例（餃子蒸しフード洗浄SSOP）

図2.31 成型室月刊清掃計画書の例

6.3 管理基準値設定・運用ができなければ，その場限りの改善と同じこと

表2.10の実施した改善策の中で成型室の陰圧対策があり，蒸し庫前に中性能フィルタで処理した外気を導入するというハード面の改善により陰圧は解消することができた（**図2.32**）。しかし，1年後の確認では給気と排気が逆転し，再び陰圧状態に戻っていた。

通常，排気量に対して給気量が多く設計されることで，陽圧が維持されるが，給気におけるプレフィルタや中性能フィルタの管理が不十分だと，フィルタの目詰まりで給気量が減少し，給気と排気が逆転した状態になる。その結果，天井裏や扉の隙間等から汚れた空気が入り込み，真菌の空気汚染が広がることになる（**図2.33**，**2.34**）。

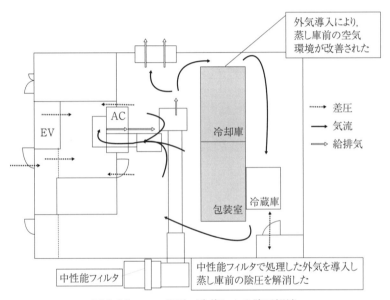

図2.32 ハード面の改善による陰圧解消

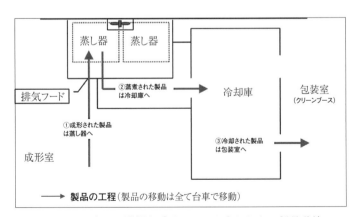

図2.33 改善後1年経過で給排気逆転

図2.34 陰圧の影響を受けているかもしれない製品動線

こうしたことが製品に影響を与えたと思われ，保存試験の結果も悪くなった。その他，陰圧状態を引き起こしたことで，冷却庫内の冷却機を支持している吊りボルトや冷媒管の天井を通す隙間から汚れた空気が入ってきていた。また，排気フード内部では天井面に多数のピンホールが見られ，天井裏から汚れた空気が漏れてきていた（図2.35）。早急に改修工事を実施し，再度事前・事後のデータを比較したところ，表2.10のように給気量が回復し，工場内が陽圧に戻った。さらに，製品保存試験でのデータでもほとんど問題がなくなった。

改善を進め，その後効果を維持するための「管理基準」を設定するには，リセット洗浄の果たす役割は大きい。本来の機能が失われる恐れがある場合に行う清浄度回復作業として専門家が行う「リスク0（ゼロ）ベースに向けた洗浄作業」は重要である。

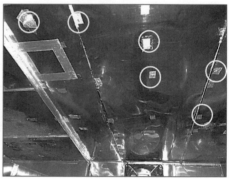

見えてきた問題点（冷却器の吊具穴等）　　　見えてきた問題点（排気フードの穴）

吊り具の穴

冷却機内部

冷却機ファン

図 2.35 排気フード，天井面からの空気の漏れ

表 2.10 改善当初データ，1年後データおよび改善工事後のデータ比較

対　象	改善当初	1年後	改善工事後
成型室中性能	4,554m³/h	1,026m³/h	4,069m³/h
包装室HEPA	375m³/h	241m³/h	346m³/h
給気総量	4,929m³/h	1,267m³/h	4,415m³/h
排気量	2,459m³/h	2,459m³/h	2,459m³/h
給排気差	2,470m³/h	-1,192m³/h	1,956m³/h

6.4　改善後の検証で改善効果の持続性を確認する

簡易同定の結果から，改善前の成型室では，酵母は成型機および成型後の中間製品，冷却室床面，充填室床面では非常に多く，特に成型機の汚染は製品に影響している可能性が懸念されていた。カビも成型室の空気環境から多く出ているという結果が確認された。改善後は非常に多い場所はなくなり，改善の効果が確認できる状態にあった（表2.11）。改善後の真菌汚染の検証結果からも，定めた基準数以内にコントロールされていることがわかる（表2.12）。

改善後の真菌（浮遊真菌，付着真菌）汚染の検証結果を受けて，蒸し庫フード，冷却庫クーリングコイル，クリーンブース包装室における改善効果の持続性について，経日における変化を検証

6. 空気清浄管理システムの構築

表 2.11　改善前と改善後の真菌検査結果比較

工程		改善前				改善前			改善後				改善後		
		酵母				カビ			酵母				カビ		
		白	ピンク	黄色	グレー	白	青緑	黒	白	ピンク	黄色	グレー	白	青緑	黒
成型	成型機	●	●		◎	○	○	○							
	空気環境					◎	●	◎					○	○	
	成型後中間製品	●	●	○	◎	○	○	○							
蒸煮	蒸し機内														
	蒸し後フード	◎				○			○						
	蒸し後中間商品	◎													
冷却	クーリングコイル	○				○									
	壁	○	○			○									
	床	●							◎						
	結露水	◎													
	冷却後中間製品	○													
充填	充填者手指	○													
	コンベア	○		○				○							
	ブース床面	●							◎						
	製品	○				○	○								

●：非常に多い，◎：多い，○：少ない

表 2.12　改善後の真菌汚染の検証

a) 浮遊真菌数 (CFU/80L)

対象場所	改善前	SSOP 導入, ハード改善 (陰圧解消) 後	基準値
成型室 (成型側)	10	11	15
成型室 (蒸し庫側)	46	2	5
冷却庫	6	0	3
クリーンブース	5	1	3

b) 付着真菌数 (CFU/100cm^2)

対象場所	改善前	SSOP 導入, ハード改善 (陰圧解消) 後	基準値
蒸し庫ブース	600	<100	100
蒸し庫フード結露水	>300000	<100	100
冷却庫クーリングコスト	300	<100	100
冷却庫クーリングコスト結露水	2800	<100	100
クリーンブース (包装室) コンベア	700	<100	100

表 2.13　真菌クレームの減少効果

	20xx 年	20x1年		20x2 年
月	件数	件数	改善内容	件数
1	0	3	診断	0
2	0	0	教育	0
3	0	0	SSOP 見直し	0
4	0	0	リセット洗浄	0
5	0	1	定期洗浄	1
6	2	0		0
7	9	5	ハード改善	1
8	2	1	SSOP 運用	0
9	2	1		0
10	2	1		0
11	2	0		0
12	4	0		0
合計	23	12		2

した（**図 2.36**）。検証対象は，作成した SSOP の導入前，導入後，そして陰圧解消後の 3 回としたが，いずれの場合も劇的な減少効果が確認された。

「3. 空気環境の危害要因分析方法の 3) 導入手順を基に，真菌汚染リスクを診断した事例」では，半年間に 23 件の真菌クレームを起こしたが，改善後に検証した際には，**表 2.13** のような結果

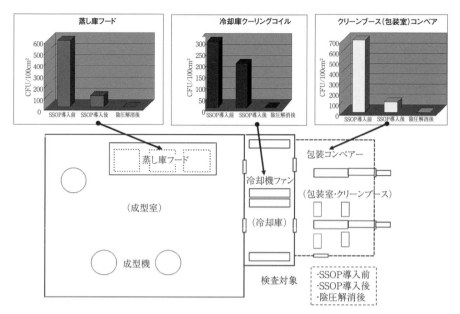

図2.36 環境改善効果の持続性についての検証結果

となった。翌年は約半分に，2年後は10分の1に減少し，改善の効果が顕著に表れた。

こうした改善には，現場を点検し，問題点を見つけ出すアプローチの仕方が力を発揮する。その力とは，現場で培われたスキルを基に，問題点を浮き彫りにする手順と進め方にある。以下その「診る力」＝「インスペクション：inspection*」の解説とそれをどう活用するか述べる。

6.5 多面的な視点から答えを導くインスペクション

インスペクション（Inspection）とは，あるべき姿を現場で診ること，「診る」とは，原因を診断したうえで，解決策を提示することである。現象面だけで判断・評価しにくい事象や見えにくい情報をできるだけ「見える化」し，問題の起因するところ，あるいは，原因等を可能な限り把握して，そこから適切でより具体的な改善策を引き出すことがインスペクションの目的である。その手法を以下に紹介する。

評価方法は，3つの大きな評価区分とさらに2つずつの区分，計6つの区分で行う。

① 現象の評価区分；適否評価，損傷評価に分け汚れの有無，周囲との比較で評価
② 汚染の評価区分；質量評価，難易評価に分け汚れを質と量，処理の難易で評価
③ 実施の評価区分；実施評価，レベル評価に分け処理頻度および処理レベルで評価

1つの問題に対して，現象・汚染・実施の3つの評価区分に，それぞれに2つの側面からの評価があり，計6つの評価をすることになるので，問題に対してより鮮明にその状態を浮き上がら

---

* Inspection は視察，検査，査閲と訳，ここでは「あるべき姿を現場で診断し処方する」とした

表2.14 インスペクションの評価手法の区分

評価区分		評価内容	4段階評価の基準	
現象評価	適否評価	目視で判断される汚れの有無, 周囲とのバランス上の適否を評価する	E	目視で汚れは確認されない
			G	周囲とのバランス上でも汚れは感じない
			P	ところどころに汚れが散見され, 気になる
			B	周囲との比較でも明確な汚れが目立つ
	損傷評価	目視で判断される汚れと同時に進行している傷みを評価する	E	当初のまま維持され損傷は全く見られない
			G	経年劣化による多少の傷はあるが良い状態
			P	部分的な傷みがあり, 進行状態にある
			B	損傷, 劣化がひどく早急に改善が必要
汚染評価	質量評価	汚れのタイプ・質的な程度, 量的程度を評価する	E	処理必要なしか, 軽い処理で問題解決
			G	タイミングよく実施することで処理は容易
			P	程度がやや重く, 処理に適した方法で実施
			B	かなりひどい状態, 完全な解決方法が必要
	難易評価	汚れの回復の難しさ, 易しさを評価する	E	処理作業実施に対する問題は全くない
			G	通常実施の方法で充分処理が可能
			P	通常作業に補助的な作業を加える必要あり
			B	作業に困難さがあり, しっかりした方法が必要
実施評価	実施評価	作業頻度で, 日常や定期(不定期)で, どの程度実施されているかを評価する	E	現状維持のためにかなりの頻度で実施
			G	計画的(日常・定期)に行われている
			P	実施されているが, 時期等決めていない
			B	気が付くとやる等, 実際には行っていない
	レベル評価	実施されている作業のレベルを評価する	E	実施方法, 用具とも適切で効果的
			G	基本的作業は実施, しかし対応にやや欠ける
			P	形だけの方法, 用具の改善も必要あり
			B	根本的にやり方を改善する必要がある

せることができる。6つの評価は,中央偏向を避ける意味で4段階での評価で行う(E:大変良い状態,G:やや良い状態,P:やや悪い状態,B:大変悪い状態)。

　以上のように現象をいくつかの側面から捉えることで,「良い」「悪い」だけの平面的な評価ではなく,立体的にその姿が捉えられ,的確な情報を得ることができる(表2.14)。

　環境等の「診断」では,微生物,昆虫,空気の調査などと合わせて実施する。測定器を使用する調査は,専門的な分野に限られることが多いので,インスペクションとそれらの情報を融合させ「見える化」し,可能な改善につなげることができる。さらに,作業を実施する対象の範囲・量,素材の状態,全体の概観を把握することでの難易度決定や,固有の特性を確認することもできる。

　上記のような評価区分を空気管理・環境管理・昆虫管理それぞれに適応することで,複合的な問題を整理し的確な改善策を導き出すことができる。総合的なリスクコントロール対策を進める際にも,こうしたインスペクションのデータが活用できる。問題解決をできるだけ早く,確実に

行うにはインスペクションのスキルを磨くことがその鍵を握っていると言っても過言ではない。

6.6 空気環境を「見える化」する空気診断事例

見えない空気環境を「見える化」するための手法として，インスペクションを活用するという前提で，空気診断の進め方を紹介する（図2.37）。見えやすくするためには，空気環境に関わる，物理的要件（温度・湿度，粉塵量（数），給気量，循環量，排気量，気流分布，室圧，陽陰圧）の確認から製造環境空間の現状をデータ化し，空気汚染に関わる微生物的要件（落下菌，浮遊菌，付着菌等）で汚染状況を認識し，さらに製造時に食品リスクをコントロールする手段をベースにしたインスペクションで明らかになった箇所のデータを基に，総合的な空気環境を診断し，処方箋（改善のための予防手段）を明確にする。

その流れは，最初に診断の仕様を決めるための予備的な調査を行い，対象となる製造工程（例；原料整形－焼成－急速冷却－包装）および空気環境から予測される食品製造への影響度，そして現状の外気取り入れ状況から，製造工程に与える二次汚染を含めたリスクの検証が必要かどうかについて確認し，製造工程への負荷となる諸問題と課題の整理，改善を段階的に進めるための方策の提案を目的とした仕様を提出する，といったものとなる。

実際に空気診断を行った事例を基に，その概要を紹介する。最初に空気診断のテーマとしたのは「現状の外気取り入れ状況から，製造工程に与える二次汚染を含めたリスクの検証」であった。

---

1. 浮遊粉塵量測定結果
・測定日時：2017年○月○日午前10時～11時30分
・外気温湿度：気温37℃，湿度38% RH
・天候：晴れ
(1) 添付資料-1：浮遊粉塵量測定データ詳細（重量法）
(2) 表1に測定結果を示す。

表1 浮遊粉塵量測定結果

No.	測定場所	浮遊粉塵量結果 (mg/m^3)
1	屋上機械室（プレフィルタ上流側：外気側）	0.038
2	屋上機械室（プレフィルタ下流側：機械室内部）	0.042

2. 浮遊粉塵数測定結果
・測定日時：2017年○月○日午前10時～11時30分
・外気温湿度：気温37℃，湿度38% RH
・天候：晴れ
(1) 添付資料-2：浮遊粉塵数測定データ詳細（光散乱方式パーティクルカウンタ）
(2) 表2に測定結果を示す。

表2 浮遊粉塵数測定結果

測定場所	位置	粒径	塵埃個数（個/f^3）			
			1回目	2回目	3回目	平均
外	ロールフィルタ上流側	0.5μm over	86,040	81,200	76,980	81,407
		2.0μm over	860	710	830	800
		5.0μm over	150	70	110	110
機械室	ロールフィルタ下流側	0.5μm over	97,670	100,430	101,170	99,757
		2.0μm over	1,010	1,250	1,430	1,230
		5.0μm over	350	300	260	303

図2.37 空気診断（物理的要因）データ例

6.6.1 診断結果から見えた「思い込み」

フィルタを通して導入された外気は，給気ファンで全ての製造エリアに送られていたが，フィルタ性能などに問題があり，汚染（塵埃・浮遊菌等）も運ばれている状況にあった。

導入される外気が塵埃等で汚染されていることは，汚染が工場全体に拡がることになるので，製造環境の空気質が重大な問題を抱えていた。

フィルタ上流側での空気測定結果より，外気粉塵量 0.038mg/m^3，外気導入量 212,500m^3/h で，5.8kg/月の塵埃流入量があり，フィルタを通過しての内部流入を30％として，約1～2kg/月の工場内に入り込んでいることを確認した。また，機械室全ての給気用ファンは，経年劣化により老朽化が進んでいる状態であり，計画的に更新の必要が認められた。さらに関連機器にも塵が堆積塵しており，定期的清掃が欠かせないと判断された。こうしたいくつかの要因が重なり，汚染粒子を工場全体に拡散させていた（図2.38）。

「工場の立地から見ても取入れている外気はきれいなはず…」という思い込みが，データに基づいた設備設計点検をないがしろにし，実際は工場内に塵埃をまき散らす結果となっていたのである。改善策として，現状のフィルタシステムの再考と，改善後の管理方法の明確化を「外気取り入れ機械室の空気質向上」として次のように提案した（図2.39）。

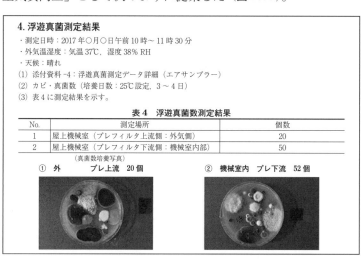

図2.38 浮遊真菌測定データの一例

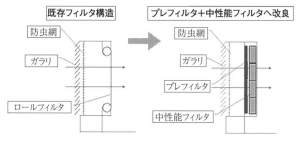

図2.39 プレフィルタの改善例

6.6.2 「外気取り入れ機械室の空気質向上」改善策

以下のように具体的に改善策を示した。

① 機械室環境面の清浄度向上のための洗浄
② 給気ファンの洗浄による能力アップ
③ プレフィルタ，中性能付きチャンバの設置
④ 防虫網の交換

上記実施項目①～④の終了時には，定点における事前事後の効果測定および仮基準として実施し，頻度設定を実施する。

6.7 包装工程クリーンルームの空気診断

次に空気診断のテーマとしたのは，包装工程クリーンルームとしての空気環境の現状と製造オペレーションに及ぼす影響を診断し，クリーンルーム管理に向けた改善すべき要件の確認であった。

6.7.1 包装工程の診断結果から見えてきた問題点

クリーンルームのクリーン度は，建設当初の設計仕様に基づいた使い方をしない限り，その機能は維持することはできない。しかし，診断した包装工程のクリーンルーム内では，その後に追加・変更された作業等による危害要因（オイルミスト拡散）や，製品搬送ライン変更による開口部などの機能低下など，クリーンルームとしてあるべき姿が失われつつあった。さらに，こういった状況に適合した空気管理が不十分であることも明らかになった。

その時の給排気バランスは，空気量との差が室圧測定できないほど小さく，陽陰圧の逆転が起こりやすい状況であった。

また，製品のリワーク作業（オイル塗布）の影響で，使用するオイルが室内に拡散しており，レタン：RA（還気）吸込み口にオイルが付着し，フィルタおよびガラリの汚れが激しく，さらにオイル付着による熱交換フィンへの影響と，HEPAフィルタの汚染，短寿命化が懸念された（**図2.40**，**図2.41**）。

6.7.2 具体的な改善策

① 陽圧化（ドア開閉時のリスク低減を目的にした陽圧ユニット設置と差圧ダンパーの取付けおよび監視を組込んだ管理方法を検討）
② コンベアラインの開口部の最小化を検討して，リークする空気量の低減
③ レタン（RA）ダクト口のフィルタの管理（定期洗浄・交換）とガラリ内部の定期的な清掃
④ リワーク作業（オイル塗布）によるオイル飛散防止と包装前製品を扱う清潔作業を目的にし

概況写真	空気診断で抽出された改善事項	改善の方法
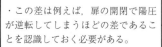 CR開口部	・測定結果からも現状での給排気バランスは危ない状態である。推定値ではあるが、外気がプラスされた給気量と換気量および開口部から漏れている空気量との差が室内測定できないほど小さくなっていることがうかがえる。(表2、3、4における風量比較結果より)	④陽圧化(ドアの開閉時のリスク低減を目的とした陽圧ユニット設置と差圧ダンパーの取り付け、および監視を組み込んだ管理方法を検討)
		⑤コンベアラインの開口部の最小化を検討し、リークする空気量の低減を目指す。
	・この差は例えば、扉の開閉で陽圧が逆転してしまうほどの差であることを認識しておく必要がある。	⑥空調機の外気給気側を中心にしたフィルタ管理や空調機の点検・清掃および監視・検証等の頻度を明確に定める。
CR内での作業	・浮遊菌測定結果では細菌、真菌とも菌数が少なく良好な状態で維持されているように見えるが、数名の方の作業がこの菌数に影響していることも考えられ、作業人員数の変化を考慮した空気環境と製造オペレーションの関係を検証する必要がある。(表5、6浮遊菌測定結果より)	⑦建設当初のクリーンルームにリセット(設計上の仕様をチェックし、当初のCR仕様に沿った運用および管理方法を検討)

図 2.40　インスペクションシートの例

図 2.41　レタン(還気)ダクト口のフィルタおよびガラリの汚れ

た「安全キャビネット」の検討

⑤ デッドスペースの排除(レタンダクト配道による空気流の再考)

建設当初のクリーンルームにリセット(設計上の仕様をチェックし、当初の仕様に沿った運用および管理方法を検討)することがまず必要で、作業人員数の変化を考慮した空気環境と製造オペレーションの関係を検証する必要がある。

以上、空気診断の概要について紹介した。物理的要件の確認から製造環境空間の現状をデータ化し、空気汚染に関わる微生物的要件で汚染状況を認識して、インスペクションのスキルを最大

限に活用して，物理的要件や微生物的要件のデータ類を融合させ，生きた提案に結び付けることが重要である。食品製造にとっての空気は，製造段階における「副原料」であり，加熱，非加熱を問わず欠かすことができない要素で，その「質」の良し悪しによっては，製造段階の食品に重大な影響を与えることになることを，常に意識として持ってほしいところである。

6.8 おわりに

最後に，これまで述べてきたことを要約して，まとめとしたい。

1) 副原料としての「空気質」を確保するための要件として，食品の安全性確保は，カビとの戦いである。カビコントロールの要件を満たす空気環境の「質」を「見える化」する技術を駆使してどう作りあげていくか，HACCP運用を支援する空気清浄管理としての取組みを推進すべきである。

2) 空気環境の危害要因分析方法（HACCPの原点は危害要因分析である）食品製造現場で実施した"真菌汚染リスクマネジメント"では，管理不足が本来の機能を低下させたことにより，ファンフィルタユニット内部の真菌（カビ・酵母）汚染リスクに対応して改善項目を定め，実施した。さらに，空気環境と同様に重要なのが環境の管理であり，クリーンルーム（ブース）環境の微生物負荷，バイオバーデン・コントロールはクリーンエリアの必須管理項目に位置付けられている。

3) クリーンエリアの管理（重要なクリーンエリアのコントロールは空気である）クリーンブースの例でも，管理不足で本来の機能が低下し，真菌（カビ・酵母）汚染リスクに対応すべく改善項目を定め，実施した。

4) カビ・虫混入クレームを大幅に減少（空気・環境・昆虫管理で素早い問題解決）製造環境のインジケーターとしての昆虫管理を加えて，総合的な問題解決をできるだけ早く，確実に行えることが本物のサニテーション・マネジメントの考え方である。具体的には食の安全へのHACCPを土台にした，専門家が行うリスクコントロール手法が求められている。

5) 空気清浄管理システムの構築（空気診断と予防システム構築と運用が重要）インスペクションとは，あるべき姿を現場で診ること。診るとは，診断したうえで，解決策を提示することである。空気環境に関わる，物理的要件の確認から製造環境空間の現状をデータ化し，空気汚染に関わる微生物的要件で汚染状況を認識し，さらに製造工程のインスペクションによるデータを加えて，総合的な空気環境を診断し，改善のための予防手段を明確にする。

第3章　空間噴霧による空気清浄化技術

1. 食品工場の清潔作業空間の清浄度

　一般の食品加工場の環境基準は，食品衛生法の衛生規範（弁当，総菜，漬物，生洋菓子，生めん類）に，食中毒の発生を未然に防止するための指針として定められている。

　例えば，「弁当，そうざい」の包装室，盛付室等の清潔作業区域の環境基準は，落下菌数で30個以下（真菌に関しては10個以下）と規定されている（**表3.1**）。**表3.2**に浮遊している微生物の増殖方法と落下速度を示した。

　しかし稼働中の食品加工場は，従業員が忙しく立ち働き，各種食品機械が稼働し，エアコンや換気扇類も運転されており，落下菌数の指針は満たすべき基準として見ておく必要はあるが，**表3.1**にある真菌の「落下測定時間」と**表3.2**にある落下速度の目安を見ると若干のズレがあり，指針の測定時間では，空間の汚染状況が正しく判定できない場合があると思われる。

　実際，**表3.3**に示したように，エアサンプラー（空中浮遊菌測定器）で現場の清潔作業区域を測定し，NPO法人カビ相談センターの判定基準（巻頭カラーページ「食品工場における清潔作業区域の空中浮遊菌調査判断基準」）で評価してみると，11箇所の調査で，「極めて清浄」のAランク評価は1箇所のみで，ほとんどがC，Dランクの「計画的な除菌対策が必要」と判定された。**表3.3**

表3.1　清潔作業区域についての指針（弁当,惣菜,生洋菓子,生麺類）

微　生　物	落下菌測定時間	落　下　菌　数
一般生菌数（細菌）	5分	30個以下
真菌（カビ・酵母）	20分	10個以下

表3.2　空中に浮遊している微生物の増殖方法と落下速度について

微生物種類	標準的な粒子径（μm）	増　殖　方　法	落下速度の目安
細　菌	0.5～1	1個の細胞から2個に分裂し，2個が4個と倍々に増殖していく	1日かけてゆっくり落ちていく
酵　母	3～5	1個の細胞表面から芽が出て新しい細胞が生まれて増殖していく	真菌の種類にもよるが早いもので約30分程度から，遅い胞子は3時間以上もかけてゆっくり落下していく
カ　ビ	3～5	空中の胞子が落下し，菌糸を作り成長し，胞子を量産し，また空中に飛散を繰り返す	

表3.3 調査した製造業種毎の主な空中浮遊菌数

製造業種	件数	調査場所	空中浮遊菌数	NPO法人カビ相談センター：空中浮遊菌調査判断基準より（A～D ランク）
製餡工場	1	煮炊室内	50個以上	D：全体的に予想以上に多いカビ汚染
煮豆工場	1	包装室内	30～40個	C：カビが多くなりつつある状況
麺製造工場	2	製造室内	50個前後	D：粉が浮遊し予想以上に多い状況
和菓子工場	1	製造室内	10～50個	C：特に粉を使用する場所は多い
餅製造工場	1	製造室内	3個以下	A：極めて清浄である。
水産練製品工場	3	トンネル内	50個前後	D：トンネル内は予想以上に汚染
		包装室内	10～20個	C：包装室内はこれ以上増やさない
スープ製造工場	1	充填室内	30個前後	C：これ以上カビを増やさない対策
カット野菜工場	1	蒸煮室内	20～30個	C：特に冷却工程では増やさない対策

上表で空中浮遊菌数は空気100L中に存在したカビを個数で表示した。

表3.4 食品工場の環境調査で検出されたカビ・酵母一覧

食品製造業種	検出された主なカビ	エアサンプラー測定結果
粉を多く使用する製造工場等	**クロカビ** アオカビ コウジカビ	粉自体にも多くのカビが生存する。空中に浮遊する真菌は，50～1,000個/m^3存在した。
和菓子，煮豆，製餡工場および餅製造工場等	**クロカビ** **アオカビ** カワキコウジカビ アズキイロカビ アスペルギルス属 赤色酵母 酵母	空中に浮遊する真菌は100～850個/m^3存在した。
水産練製品，調味料スープ製造他，食品工場	**コウジカビ** カワキコウジカビ クロカビ アオカビ 黒色酵母様菌	空中に浮遊する真菌は，20～1,000個以上/m^3存在した。

太字表示は非常に多く存在したカビである。同定作業で使用した培地は基本PDA培地を使用し，25℃で5～7日間培養，一部和菓子および餡製造の調査でM40Y培地を併用した。

に概要を示した。

　他にも調査した多くの工場も大なり小なり空間汚染については改善が必要であることがわかった。参考として**表3.4**に環境調査で検出されたカビ・酵母を示した。

　こうして表に空気汚染の状況をまとめて見ると，食品加工場における空中に浮遊するカビ・酵母は，食品製造の品質管理においては決して無視できない存在とわかる。清潔作業空間，一次保管冷蔵庫内，作業空間，そこに設置されている各種エアコン周りに存在するカビを除去する対策

が，極めて重要であると思われる。

本章では，こうした食品工場の製造現場の空気汚染を，次亜塩素酸ナトリウム製剤（安定型アルカリ次亜水）である商品名「食添・ピースガード」（以下P'sGと略）を用いて，空間噴霧により除菌した結果を紹介する。

2. 空間除菌剤としての「食添・ピースガード」（P'sG）の特徴について

今回，空間噴霧に使用したP'sGは，表3.5，3.6に示すような成分，殺菌対象，使用に際し

表3.5 食品添加物殺菌料 P'sG

商品名	P'sG
成　　分	次亜塩素酸ナトリウム
使用目的	多方面での噴霧，器具の殺菌
使用方法	噴霧または浸漬
有効塩素濃度	100ppm，200ppm（適応される使用濃度）
対照・用途	殺菌：食中毒菌・O157・ノロウイルス，カビ 食品加工場の空間噴霧による除菌対策

P'sGは（財）日本食品分析センターにより安全性を含む食品添加物適性検査をクリアしていることが認められ，殺菌料として認可を受けた

表3.6 P'sGの特性

項　　目	P'sGの特性
刺激性	刺激臭が無い，適用濃度ではほとんど無臭
耐性菌	耐性菌の発生はほとんど無い
腐食性	金属腐食性は低い（アルカリ性），ステンレスは腐蝕しない
漂白脱色	漂白・脱色作用がほとんどない
ノロウイルス	ノロウイルスの除菌・殺菌に有効
揮発性	揮発せず長期間（3年）品質安定
食材ドリップ	細胞膜を破壊せずドリップ無し，残留塩素（塩素根）はほとんど無い
発がん物質	トリハロメタン生成の心配がほとんど無い
殺菌・消臭力	殺菌・消臭ともスピードが早く強力
pH・温度	pH8.5～12.5適用の範囲内で効果は不変
環境性	環境にやさしくほとんど無害
安全性	人やペットにも安心安全（目，皮膚，経口の試験データ有）
空間噴霧	空中浮遊菌・落下菌対策として空間噴霧に最適である

表3.7 噴霧方式の特徴

噴霧方式	霧の粒径（目安）	標準噴霧量	適正容量（使用範囲）
a）1流体方式	10～30μm	5L/h	大容量型（30L/h～200L/h）
b）2流体方式	5～10μm	0.5L/h	小，中容量型（1L/h～10L/h）
c）超音波方式	1～5μm	1～3L/h	小，中容量型（1L/h～10L/h）

 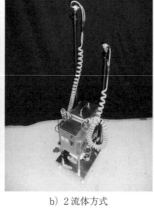 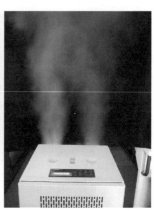

　　a）1流体方式　　　　　　b）2流体方式　　　　　　c）超音波方式

図3.1　空間噴霧用機器

ての特徴を持っている。また，空間噴霧の方法としては3方式（表3.7，図3.1）の機器が用意されており，それぞれ噴霧される霧の粒子が異なっている。機器は空間の大小によって選択できる。

　食品工場で用いられる塩素系殺菌料では，次亜塩素酸［HOCl］や次亜塩素酸ナトリウム［NaClO］が代表格である。次亜塩素酸［HOCl］は，食塩を加えた水を電気分解することで作られ，pH5付近の領域で濃度が最大となり，汚れなどの有機物が無ければ，強力な殺菌効果を持つ。次亜塩素酸ナトリウムは，水酸化ナトリウム溶液に塩素を通じて作られ，pH12.5-14の強アルカリ領域で強力な殺菌力を発揮する。

　どちらも食品添加物として認められているが，残留塩素などの臭気や安定性，金属腐食性などの問題があり，その用途は限定されている。

　今回，空間除菌に使用しているP'sGは，原料としては次亜塩素酸ナトリウムを使用しているが，特殊な製法を用いている。そのことで，pH領域8.5～11程度の弱アルカリ領域で活性を示し，塩素臭もなく，ほぼ無臭かつ安定で，水溶液で3年間その品質が変わらないという従来にない，全く新しい殺菌料として上梓されている。殺菌料の性質から「安定型アルカリ次亜水」とも言えるものである。

　ここでは詳しくは触れないが，P'sGは，鳥インフルエンザウイルスなどにも，効果が認められている（（財）畜産生物科学安全研究所　試験結果より）。

3. P'sG「安定型アルカリ次亜水」の安全性について

P'sGの安全性について試験データがあるので紹介する。日本食品分析センターへ依頼したものであるが，1,000ppmの高濃度の試験結果である。以下にその結果を示す。

表3.8 P'sG 1,000ppmの安全性（日本食品分析センター試験データより）

ウサギを用いた眼刺激性試験		ウサギを用いた皮膚一次刺激性試験		雌マウスを用いた急性経口毒性試験
平均合計評点の最高値	区分	一次刺激性インデックス	反応カテゴリー	
0～5.0	無刺激物	0～0.4	無刺激物	本剤を2,000mg/kgの投与容量で強制経口投与。対照群には，注射用水20mL/kgを投与した。観察期間を14日間とし，死亡例，一般状態体重変化を観察
5.1～15.0	経度刺激物	0.5～1.9	弱い刺激物	
…	…	2～4.9	中等度の刺激性	
80.1～110.0	強度刺激物	5～8	強い刺激物	【判定】すべての試験動物において異常は見られなかった
【判定】0	刺激なし	【判定】0	刺激なし	

この結果からもわかるとおり，生体への刺激性が非常に低く，従来の塩素系殺菌料が細胞膜を損傷することで，その殺菌効果を上げているのとは異なるメカニズムが働いていると言える。

4. P'sGのカビ胞子に対する殺菌効果

空間噴霧に使用されるP'sGであるが，カビ本体の菌糸に対しては殺菌効果が弱い。ただその胞子に関してはNPO法人カビ相談センターに依頼して行った試験では，十分な殺菌効果が認められた。

試験方法と結果について，参考資料として掲載する。

試験菌としては，実際に食品工場内で一番多く存在する環境主要カビ2種のクロカビおよびアオカビ（両カビとも比較的低温＜10℃以下＞でも生育する）と，比較的高温＜40℃以上50℃前後＞でも生育するコウジカビについて行った。また，微生物のバチルス芽胞に対する殺菌効果試験も合わせて行ったので紹介する。

■NPO法人カビ相談センターによるP'sGのカビ胞子に対する殺菌効果検証試験■

試験1　クラドスポリウム属（クロカビ），ペニシリウム属（アオカビ）の胞子に対する殺菌効果

〈試験菌〉

試験菌1　クロカビ（*Cladosporium cladosporioides*）

試験菌2　アオカビ（*Penicillium citrinum*）

〈試験法〉

* P'sG 100ppm および 200ppm を試験管に 2mL 入れる。
* 前培養により 1×10^6/mL に調整した胞子液を作る。
* ピースガード各濃度液に胞子液をそれぞれ 0.1mL 接種する。
* 接種 0 分（無処理），1 分，5 分，10 分の各段階で処理時間毎に 0.1mL 取出し PDA 培地で 25℃ で 1 週間の後培養を行い抗カビ効果を検証した。

〈P'sG による抗菌テスト結果〉

試験菌	液剤濃度	対照	1分	5分	10分
クロカビ	100ppm	+	+	+	−
	200ppm	+	+	−	−
アオカビ	100ppm	+	+	+	−
	200ppm	+	+	+	−

評価）+：発育　　−：発育せず

〈結果〉

テーブルテストによるクロカビは，有効塩素濃度 100ppm の液剤では 10 分で不活化し，200ppm では 5 分で不活化することがわかった。

アオカビについては，有効塩素濃度 100ppm の液剤では 10 分で不活化し，200ppm でも 10 分で不活化することがわかった。

試験 2 アスペルギルス属 3 種（コウジカビ）の胞子に対する殺菌効果試験

食品工場にも多く存在するアスペルギルス 3 種（コウジカビ）についても試験 1 と同じ方法で 20 分，30 分，60 分，90 分まで延長し実施した。

試験菌 1　*Aspergillius　fumigatus*

試験菌 2　*Aspergillius　flavus*

試験菌 3　*Aspergillius　niger*

4. P'sG のカビ胞子に対する殺菌効果

〈P'sG による抗菌テスト結果〉

試験菌	液剤濃度	対照	10分	20分	30分	60分	90分
Aspergillusu fumigatus	100ppm	++	++	++	+	−	−
	200ppm	++	++	++	+	−	−
Asperillus flavus	100ppm	++	++	++	+	−	−
	200ppm	++	++	++	+	−	−
Asperillus niger	100ppm	++	++	++	++	−	−
	200ppm	++	++	++	++	−	−

注）評価）++：発育著しい　　+：発育　　−：発育せず

〈結果〉アスペルギルス3種共に多少の差はあるが，有効塩素濃度100ppm および200ppm とも60分経過すると完全に不活化できることがわかった。

試験3　バチルス芽胞に対する殺菌効果試験

カビではなく細菌であるが，食品工場の原料にはほとんど10％程度付着し芽胞を形成し，他の菌と比べて高温，低温，高塩濃度，高圧，高アルカリでも死滅しない菌である。

　試験菌1　枯草菌（*Bacillus subtilis*）

　試験菌2　セレウス菌（*Bacillus cereus*）

　供試資料　P'sG 有効塩素濃度1,000ppm

芽胞菌液の調整法は，公益社団法人 日本缶詰協会の示している芽胞液作製法を参考にした。

試験法については試料10mL に芽胞液を0.1mL 接種し，所定時間（1分，10分，30分，1時間）経過後計測した。（一部詳細省略）

〈P'sG による抗菌テスト結果〉

試験菌	生芽胞数/mL	1分	10分	30分	60分
枯草菌	2.1×10^2	1.9×10^2	1.4×10^2	15個	<10個
セレウス菌	3.2×10^2	3.1×10^2	2×10^2	19個	<10個

〈結果〉殺芽胞効果は枯草菌で30分で15個，60分で10個以下となる。

　セレウス菌については30分で19個，60分で10個以下となる。

　上記の結果で耐熱芽胞菌2種についても30分～1時間で効果があることが検証された。

5. P'sG を使ったエアコンから吹き出すカビ胞子の殺菌

本書2章で詳しく述べられているが，清潔区域での空間汚染の原因として，エアコンの清掃不備が関わっている。そうした清掃不十分なエアコンから吹き出すカビの胞子や酵母に対して，P'sGがどのような方法で利用できるか図3.2の様な方法で，実際に近い形で試験を行った。

使用したのは先に表3.7，図3.1で紹介した噴霧機のうち2流体方式のものである。このタイプはP'sGと圧縮空気をノズルで混合し吹き出す仕組みになっている。

カビの発生は，年間の気候などにより発生時期が異なるため，1年間の長丁場の試験となった。カビの胞子は3カ月毎に発生数が増減し，5月頃より多くなりはじめ，入梅時期が一番多い。その後10月頃までは高い状態が続き，冬場にかけて徐々に減少傾向となる。

この試験もNPOカビ相談センターに依頼し，食品工場で非常に多く検出される生カビ胞子を使用し実施した（表3.9）。試験方法は次の通りである。

生カビ胞子のテストサンプルをダクト内に設置し，P'sGの噴霧器をエアコン送風機の出口とエアコン内部に設置して，エアコンは24時間休みなく稼働させ，P'sGの噴霧は間欠的に行い，室内に拡散したカビ胞子数の消長をエアサンプラーと拭取り検査で評価した（図3.2）。表3.9に示したテストのうち第2回目（図3.3）と第5回目（図3.4）の結果を示す。

表3.9 カビ・酵母に関する年間除菌テスト実施表

回数	テスト実施日	主な生カビ除菌テスト内容
第1回 （4日間）	平成26年9月1～9月19日	主要カビであるクロカビおよびアオカビに対する除菌効果検証を実施した
第2回 （5日間）	平成26年12月8～12月12日	主要カビであるクロカビおよびアオカビの再検証に赤色酵母，クロコウジカビ，カワキコウジカビの3種類を追加して合計5種類で効果検証を実施（噴霧P'sG 100ppm）
第3回 （4日間）	平成27年3月9～3月12日	2流体方式噴霧装置の噴霧ノズル2個をコイル面に設置し，エアコン周りの空中浮遊菌変化と各所拭取り検査を実施した（外気温は5～11℃）
第4回 （1日間）	平成27年3月24日	1日間でアオカビ（*Peicillium*）属のクラブラムおよびクロカビ（*Cladosporium*）属のスフエロスパームスの2種について除菌効果試験を実施した
第5回 （4日間）	平成27年6月8～6月11日	黒色酵母様菌，アズキイロカビの2種について除菌効果試験を実施した（噴霧P'sG 200ppm）

5. P'sG を使ったエアコンから吹き出すカビ胞子の殺菌　　　　　　83

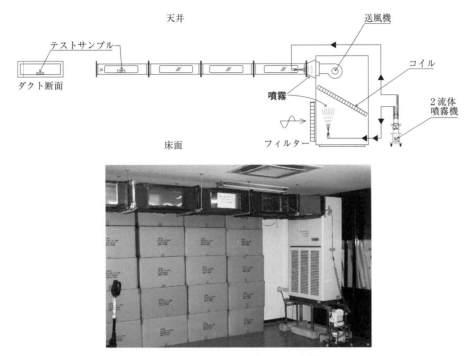

図 3.2　カビフィールドテスト実施図

〈第 2 回テスト結果〉

1) 赤色酵母（*Rhodotorula*・ロドトルラ）では，生カビ数は初発菌数 10^3 に対して，1 日目の夜間で 10^2 になり，そのまま放置の状態で 10 以下になった。

2) クロコウジカビ（*Aspergillus niger*・アスペルギルスニガー）生カビ数は，初発菌数 10^4 に対

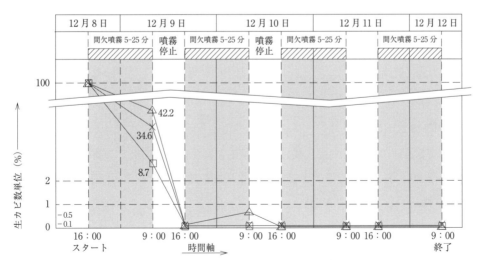

赤色酵母：初発菌数 $1.3×10^3$（—×—），クロコウジカビ：初発菌数 $1.8×10^4$（—△—），カワキコウジカビ：初発菌数 $1.1×10^4$（—□—），噴霧量は各回約 3L

図 3.3　除菌テスト第 2 回目の殺カビ効果グラフ

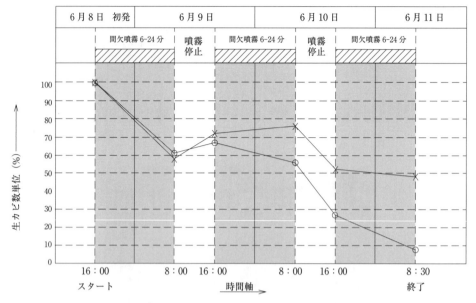

アズキイロカビ：初発菌数 4.3×10^3（—×—），黒色酵母様菌：初発菌数 1.8×10^3（—○—），噴霧量は各回3L

図3.4 除菌テスト第5回目の殺カビ効果グラフ

して，1日目の夜間噴霧で 10^3 になり，2日目の夜間噴霧で 10^2 台となり，さらに3日目の噴霧前後で10以下になった。

3) カワキコウジカビ（*Eurotium*・ユーロチウム）については，1日目の夜間噴霧で1％前後の生存率になりほぼ消滅した。

〈第5回テスト結果〉

アズキイロカビ，黒色酵母様菌ともに1晩の間欠噴霧運転により40％まで除菌効果が検証され，その後多少横ばいの変化で推移し，最終的にアズキイロカビについては52％，黒色酵母様菌については92％の除菌効果を確認した。

〈カビフィールドテストの評価〉

1年を通して計5回の比較的食品工場に多く存在するカビ胞子に対する噴霧テストを終了した。結果として，2流体方式噴霧装置による超微細な霧を空間噴霧することで確実にカビ胞子に対する除菌効果を検証することができた。

6. P'sG を用いた食品加工場 13 箇所の清潔作業空間で実施した空間噴霧除菌事例

次に実際に各業種の様々な作業現場で，外気導入，人の出入り，各種食品機械の稼動，空調機器の運転中にどの程度 P'sG の効果が発揮できるかを様々な業種で検証した。

表 3.10 に，空間除菌を実施した業種一覧を示した。また，今回の実施で多く用いた 2 流体噴霧方式についてノズル性能試験図と，圧力，噴霧量，平均粒子径の関係を表に示した。

表 3.10 食品工場の空間除菌を実施した事例一覧

事例番号	製造業種	テスト場所	検査方法	噴霧方式（噴霧濃度 ppm）	微生物テスト項目 細菌	カビ	酵母
1	大豆・玄米加工	包装室	A, B, C	超音波（100）	—	○	○
2	水産練製品製造	クーリングトンネル内	B, C	2 流体（200）	—	○	○
3	和菓子製造	製造室内エアコン	C	2 流体（200）	○	○	○
4	畜肉加工	放冷室	C	2 流体（100）	○	—	—
5	魚卵加工	いくら選別室	C	2 流体（200）	○	○	○
6	冷凍麺製造	包装室	A, C	2 流体（100）	○	○	○
7	しらす加工	包装冷蔵庫	A	2 流体（100）	—	○	○
8	水産加工	クーリングトンネル内	A	2 流体（100）	—	○	○
9	明太子製造	衣服乾燥室，製造室	A	2 流体（100）	—	○	○
10	畜肉水産加工	製造室	A	1 流体（100）	—	○	○
11	総菜具材保管	一次保管庫	A, C	2 流体（100）	○	○	○
12	総菜製造	冷蔵庫・具材詰合室	A	2 流体（100）	○	○	○
13	カット野菜製造	蒸煮室・包装室	A	1 流体（100）	○	○	○

注：検査方法；A・空中浮遊菌測定，B・落下菌測定，C・拭取り検査，「微生物テスト項目」：○印は，実施したもの。

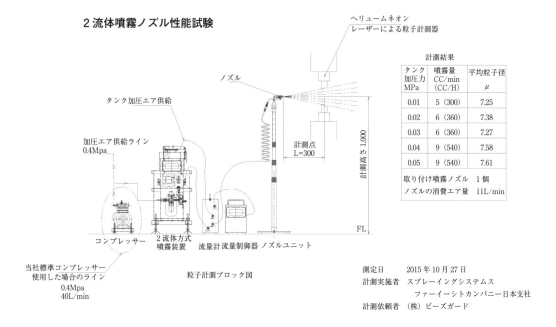

2 流体噴霧ノズル性能試験

粒子計測ブロック図

計測結果

タンク加圧力 MPa	噴霧量 CC/min（CC/H）	平均粒子径 μ
0.01	5 (300)	7.25
0.02	6 (360)	7.38
0.03	6 (360)	7.27
0.04	9 (540)	7.58
0.05	9 (540)	7.61

取り付け噴霧ノズル　1 個
ノズルの消費エア量　11L/min

測定日　2015 年 10 月 27 日
計測実施者　スプレーイングシステムス
　　　　　　ファーイーシトカンパニー日本支社
計測依頼者　（株）ピーズガード

事例1	大豆と玄米加工食品工場
目 的	製造工場の包装室内（生産設備含め）に，大量のカビが発生し，その調査と対策を実施した。調査の結果，原因は，外気を送風モードで取込み，室内の湿度が大幅に上昇したために，それに伴い室内に設置されているエアコン周りにカビ菌糸が付着し，増殖を繰返し大量の胞子を室内にばらまいていたことが判明した。また，中性能フィルタ（比色法：65％）を通過したクロカビが継続して入り込んでいた。このような状況に対して下記の様な方法で対策を実施した。
方 法	室内容積700m³に超音波霧化器1台を設置し，P'sG有効塩素濃度100ppmを，夜間のみ約1カ月間・間欠噴霧し，効果検証と追跡調査を実施した。なお中性能フィルタは改善せずそのまま運転した。
結 果	調査測定結果を下記に表示した。
所 見	測定結果より空中浮遊菌と落下菌比較では，外気が連続で入り込んでいるにも関わらず写真の様にカビは見られなくなった。落下菌検査では噴霧前は5個だったが噴霧後は大幅に減少したことがわかる。エアコン周りの拭取り検査でもカビ付着菌は，噴霧前と比較して約1カ月後には検出されなくなった。

除菌前・事例1　　　　除菌前・事例2

除菌後・事例1　　　　除菌後・事例2

除菌前と除菌後の機器に付着したカビの様子

空中浮遊菌エアサンプラー測定（1分-100L）　落下菌測定（20分放置）

テスト日	噴霧前(9/5)	間欠噴霧（夜間のみ）			
		9/9	9/21	9/23	9/30
空中浮遊菌数	60	50	26	—	20
落下菌数	5	1	0	—	0
外気取込（室内）	外気は連続室内に入り込む——>			60	——>

6. P'sGを用いた食品加工場13箇所の清潔作業空間で実施した空間噴霧除菌事例

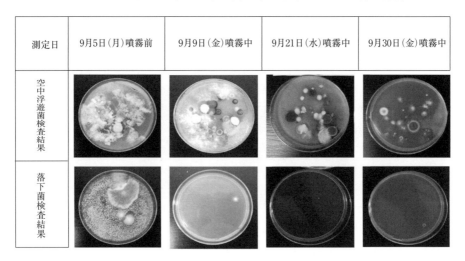

空中浮遊菌と落下菌の消長の様子

■拭取り検査（吹出口周り）

測定場所 （エアコン）	噴霧前 9/5	噴霧後	
		9/21	9/30
北西面	＋＋	±	－
南東面	＋＋	－	－
南西面	＋＋	±	－

評価）＋＋：カビが多い　　±：限りなく少ない　　－カビを認めない

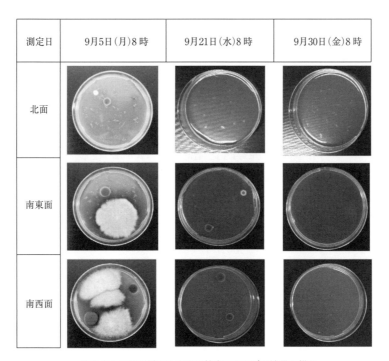

吹き出し口周り壁面ふき取り検査でのカビの消長の様子

事例2	水産練製品製造工場
目　的	水産練製品の加熱処理後にクーリングトンネルを通過させるが，その時にカビ胞子や酵母がトンネル内で製品に付着し，クレームが発生していた。原因はトンネル内の殺菌洗浄出来ない死角にカビ，酵母が増殖していたためである。今回は，クーリングトンネル内の清浄化と定着しているカビ，酵母およびカビ胞子の殺菌にP'sGの噴霧で効果があるかどうかを調べた。クーリングトンネルは長さ14m，容積20m³である。
方　法	図3.1に示した，2流体方式噴霧機（移動式）を2台利用し，生産終了後にトンネル内殺菌洗浄後に，乾燥目的でファンユニットを，1時間強制換気させた時にP'sG有効塩素濃度200ppmを連続1時間噴霧し，落下菌および拭取り検査で除菌効果を検証した。
結　果	トンネル内扉の内側の拭取り結果を下記に表示した。
所　見	検査結果の表より，カビ胞子，酵母の除菌効果にバラツキが出ていたが，生産終了後の噴霧作業を開始して，1週間後には噴霧なしの環境測定でもカビ胞子，酵母菌数ともにゼロとなり，除菌効果が確認できた。連続噴霧をすることで，庫内の死角に棲息していたカビ等にも，殺菌効果があった。

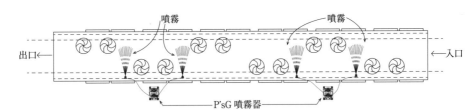

事例2　クーリングトンネルを平面で見たイメージ図（4箇所からP'sGをトンネル内に噴霧する）（図3.7参照）

拭取り検査結果（10枚扉の内2枚扉より測定した結果）

テスト日	1日目	2日目	3日目	4日目	5日目	6日目	7日目	8日目	9日目
噴霧 有・無	無し	←　　　　1日1時間噴霧（2台） 　　　　液剤噴霧量　合計2L/h×6日＝12L　　　　→						無し	無し
カビ菌数	77	142	—	1	139	5	6	38	0
	105	∞	16	1	52	30	12	1	0
酵母菌数	74	112	1	—	14	1	0	2	0
	3	87	6	—	209	23	29	58	0

事例3	和菓子製造工場
目　的	和菓子製造工場で，特に粉を多く利用する製造室内に設置されたエアコン周りに，カビおよび酵母が増殖し，胞子を多く空中に飛散させていたため，P'sGの噴霧による環境改善の効果を調査した。噴霧区域は大福加工室で容積は550m³ である。
方　法	作業終了後の夜間を利用し（20時より翌日6時）2流体方式噴霧機（移動式）を2台エアコン近くに設置しP'sG有効塩素濃度200ppmを間欠自動運転（1分噴霧，5分停止の繰り返し）し，エアコン吹出口周りの拭取り検査によりその除菌効果を検証した。
結　果	調査結果を下記に表示した。テストに使用した液剤は2.5L/1晩×2台＝5L
所　見	粉を多く使用する関係で一般的にエアコン内にカビ，酵母が多く増殖し胞子を大気中に多く放出している状況であったが，噴霧後の測定結果は，1晩でも一般生菌数およびカビ，酵母が半減することがわかった。継続噴霧することで更なる除菌効果を期待できると思われる。

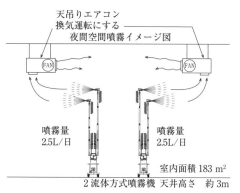 

事例3　和菓子製造工場室内と噴霧のイメージ図

テスト結果（エアコン周り拭取り検査）

測定菌種	一般生菌数		カビ胞子菌数		酵母菌数	
噴　霧	噴霧前	噴霧後	噴霧前	噴霧後	噴霧前	噴霧後
エアコン1	100	100	3,200	900	700	400
エアコン2	2,500	300	5,200	1,200	1,800	1,900
エアコン3	4,100	900	10,500	5,800	5,900	1,100

	事例4　畜肉加工場（とり唐揚げ製造）	
目　的		通常のサニテーションでは，包装工程前の放冷室の一般生菌数がゼロにならず，微生物の混入が心配されたので，P'sG噴霧による除菌効果を調査した。放冷室，冷却装置の周辺，240m³。比較のため，微酸性電解水の散布と比べている。
方　法		放冷室内に，2流体方式噴霧機（移動式）を1台設置し，P'sG有効塩素濃度100ppmを1時間噴霧し，その2日後に効果検証を，写真の測定場所①～⑩の計10カ所で拭取り検査を実施した。一覧表に表示した3通りの方法で一般生菌および大腸菌群で効果検証を比較した。テストに使用した液剤は約1Lであった。
結　果		P'sG噴霧と微酸性電解水の結果は，試験成績表に掲載した通りである。微酸性電解酸性水については，濃度は20ppmで約600ccを噴散し，翌日拭取りした結果を掲載した。
所　見		添付試験成績表よりP'sGの結果は一般生菌数についてはすべてゼロを示し，大腸菌群は陰性であった。噴霧して2日後の効果検証でも除菌効果が継続していた。作業終了後の夜間1晩間欠噴霧による自動運転をお勧めした。

測定場所 写真の箇所		通常サニテーション		P'sG噴霧		微酸性電解水噴霧	
		一般生菌	大腸菌群	一般生菌	大腸菌群	一般生菌	大腸菌群
①	放冷機入り口側（内部）	0	陰性/g	0	陰性/g	0	陰性/g
②	放冷機入り口側（ファン）	5.1×10^4	+40/g	0	陰性/g	1.0×10^2	陰性/g
③	放冷機出口側（内部）	2.0×10^2	陰性/g	0	陰性/g	0	陰性/g
④	放冷機出口側（ファン）	3.1×10^4	+20/g	0	陰性/g	0	陰性/g
⑤	放冷機出口側（ファンフード）	6.0×10^4	+10/g	0	陰性/g	2.0×10^3	陰性/g
⑥	放冷機コンベア	0	陰性/g	0	陰性/g	0	陰性/g
⑦	放冷機吸気フィルター	2.0×10^2	陰性/g	0	陰性/g	1.0×10	陰性/g
⑧	放冷機コンベアガード	1.0×10^2	陰性/g	0	陰性/g	0	陰性/g
⑨	放冷室　内壁	2.5×10^3	陰性/g	0	陰性/g	0	陰性/g
⑩	放冷室　ドアノブ	4.5×10^2	陰性/g	0	陰性/g	0	陰性/g

事例4　試験成績表

6. P'sG を用いた食品加工場 13 箇所の清潔作業空間で実施した空間噴霧除菌事例

放冷室：放冷機（入口側）

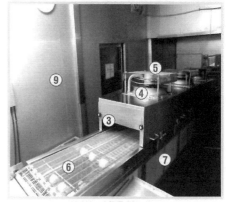
放冷室：放冷機（出口側）

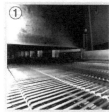
放冷機入口側(内部)

放冷機入口側（ファン）

放冷機出口側(内部)

放冷機出口側（ファン）

放冷機出口側
（ファンフード）

放冷機コンベア

放冷機吸気フィルター

放冷機
コンベアガード

放冷室 内壁

放冷室 ドアノブ

事例5	魚卵加工場
目 的	手作業中心のイクラ加工場内の室内環境改善の目的で，特に空中に浮遊するカビ胞子の軽減対策として，P'sG 噴霧を実施した。 イクラ加工室内，1,200m³。
方 法	室内中央に2流体方式噴霧機（移動式）1台を設置し，P'sG 有効塩素濃度 200ppm を作業終了後に，毎日30分間連続噴霧し，4日目の翌朝に平面図に表示の7カ所で拭取り検査をし，噴霧前と比較し除菌効果を検証した。使用した液剤は4日間合計で2Lであった。
結 果	テスト結果を下表に表示した。
所 見	噴霧前と噴霧後のカビ胞子菌数を比較してみるとほぼ1桁近くまで減少した。空間噴霧による P'sG の除菌効果が確認できた。

噴霧前と噴霧後の結果

	拭取り検査場所	カビ胞子菌数	
		噴霧前	噴霧後
①	タンク上部	106	7
②	作業テーブル1上	60	14
③	作業テーブル2上	79	7
④	流し台周り	119	10
⑤	かご置場	76	11
⑥	かご洗浄機械の上	29	4
⑦	作業テーブル3上	34	9

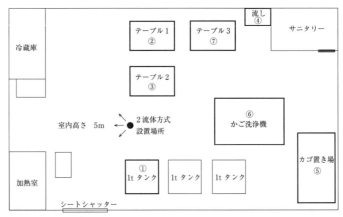

縦12m 横20m の加工場で作業中はシートシャッターの開閉が多い。
作業終了後，通常の洗浄を行い，P'sG の噴霧機を中央に置き，30分間噴霧を行う。

事例5　魚卵加工場の平面配置図と検査場所

6. P'sG を用いた食品加工場 13 箇所の清潔作業空間で実施した空間噴霧除菌事例

事例 6	冷凍麺製造工場
目　的	大空間の間仕切のない室内空間の冷凍麺製造工場内で，未包装の凍結麺を包装する前の開放されたコンベアー周辺の作業空間改善目的。噴霧空間はおよそ 430m^3。
方　法	2 流体方式（セントラル方式）噴霧装置 2 台を室外に設置し，噴霧ノズル 5 個をエアコン周りに 2 個，5m 天井空間の包装機前のコンベアー上部に 3 個配列した。噴霧液剤は P'sG 有効塩素濃度 100ppm を間欠噴霧（3 分噴霧-27 分停止）で 24 時間自動運転した。使用した液剤は 5L/日×4 日= 20L
結　果	エアサンプラーによる測定で，噴霧前は作業終了清掃後，噴霧時は生産稼働中の 13 時頃の測定値を表示した。
所　見	1) 浮遊菌測定ではクロカビの胞子が全体の菌数の 90％以上を占め，外部より侵入するカビ胞子が多いとわかった。噴霧効果は 4 日目に減少傾向に転じたが外気侵入が多く，外気侵入の状況では，効果は限定的と判断された。 2) 拭取り検査では 2 日目以降に徐々に噴霧効果を確認出来た。

テスト結果　エアサンプラーによるカビ胞子の菌数測定（3 分-300L）

テスト日	噴霧前（清掃後）	1 日目	2 日目	3 日目	4 日目
		←――――間欠噴霧（3 分噴霧-27 分停止）――――→			
ライン A	31	81	86	83	46
ライン B	41	102	65	63	41

拭取り検査結果

テスト日	噴霧前	1 日目	2 日目	3 日目	4 日目
エアコン	＋＋＋	＋＋＋	＋	－	－
照明器具	＋＋＋	＋＋	－	－	－

＋＋＋著しく多い
＋＋多い
＋少し存在
－カビ胞子が存在しない

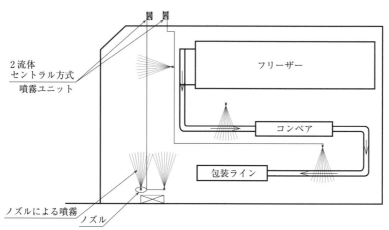

事例 6　冷凍麺工場内での噴霧イメージ図

事例7	しらす加工場
目　的	半生しらすの包装パック詰め室内のカビ胞子軽減対策。包装室は120m³。
方　法	2流体方式（セントラル方式）噴霧装置を屋外に置き，包装室内のエアコン吹出口周りに噴霧ノズルを設置し，間欠噴霧（3分運転-27分停止）P'sG有効塩素濃度100ppmを自動運転し，室内の環境測定を実施して効果検証をした。
結　果	エアサンプラーによる空中浮遊菌を測定し下記に結果を示した。
所　見	測定結果の80％がクロカビの胞子およびアオカビの胞子が占め，製造工程イメージ図より判断し，運搬作業時に，製造室より多くのカビが包装室に入り込みエアコン周りに棲息していることがわかった。2日目，3日目は作業員の入室があり思ったような効果は出なかったが，テスト最終日である4日目には24時間の間欠運転を行い，カビ胞子は1個にまで激減させることができた。

テスト結果　エアサンプラー測定（1分-100L）

テスト日	1日目	2日目	3日目	4日目
噴霧時間	——	8～17時	8～17時	17～翌17時
カビ胞子総数	35個	60個	121個	1個
液剤消費量	——	2.2L	2.2L	5.9L

（注）カビ胞子測定時間：1日目11時，2日目以降は17時

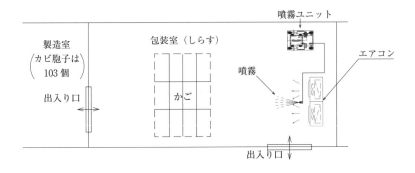

事例7　半生しらす包装室での噴霧のイメージ図

6. P'sGを用いた食品加工場13箇所の清潔作業空間で実施した空間噴霧除菌事例   95

事例8	水産加工場（笹かま，ちくわ，蒲鉾等の水産練製品製造）
目　的	多段式冷却コンベア内部のカビ胞子に対する除菌対策（出口でアルコール噴霧）。
方　法	多段式冷却コンベア内部除菌対策，2流体方式（セントラル方式）噴霧装置を図のように設置し，P'sG有効塩素濃度100ppmを間欠噴霧（5分運転-25分停止）自動運転し効果を検証をした。
結　果	下記に結果を示した。
所　見	噴霧前と比較して減少に上下の波はあるが噴霧4日目（測定5日目）にはゼロを記録した。常在菌が棲み着いている関係で，1週間以上の間欠噴霧を実施することで確実に庫内の除菌効果を期待できると判断した。

テスト結果　エアサンプラー測定（2分-200L）

テスト日	1日目	第2日	3日目	4日目	5日目	6日目	7日目
噴霧（有無）	無	←		間欠噴霧（5分運転-25分停止）			→
カビ胞子菌数	64	—	—	4	0	18	18

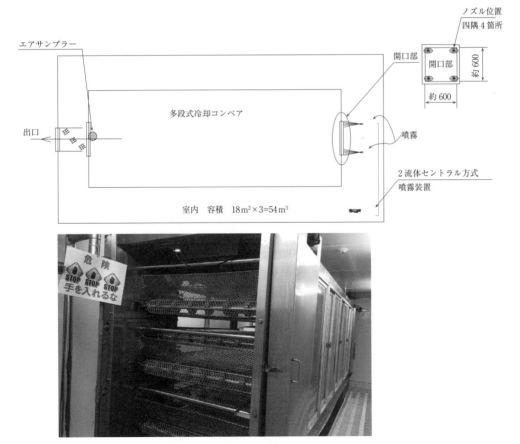

事例8　冷却コンベア内の除菌テスト　イメージ図

第3章 空間噴霧による空気清浄化技術

事例9 明太子製造工場	
目　的	衣服乾燥室で衣服に付着し，作業場に持込まれるカビ胞子・酵母を軽減させることを目的として実施した。衣服乾燥室は60m³。室内温度は32℃。
方　法	2流体方式（セントラル方式）噴霧装置を製造室内に図のように設置し，噴霧ノズルを製造室および衣服乾燥室に取付け，P'sG有効塩素濃度100ppmを使用して間欠噴霧（5分運転-25分停止）により除菌効果を検証した。
結　果	エアサンプラーによる作業場の空中浮遊菌の測定結果を下記に示した。
所　見	カビ胞子は予想以上に多く存在し，汚染されている。外部より衣服に付着して持込まれると予想されたカビ胞子の70％以上がクロカビ胞子で，除菌テストの経過と共にクロカビ胞子に焦点を当てた除菌効果は確実に現れ，4日目には30％まで減少した。5日目は噴霧を中止するとカビ胞子総数も大幅に増え，クロカビ胞子数もまた67％まで上昇した。このことでP'sG噴霧の効果が実証された。

テスト結果　エアサンプラー測定（1分-100L）

テスト日	1日目	2日目	3日目	4日目	5日目
噴霧（有無）	←	間欠噴霧（5分運転-25分停止）		→	噴霧無し
カビ胞子総数	79	67	66	27	100
クロカビ胞子数	60	42	32	8	67
クロカビ胞子の比率	76％	63％	49％	30％	67％

 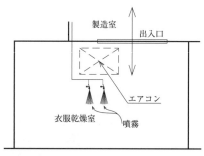

事例9　衣服乾燥室内の除菌イメージ図

6. P'sGを用いた食品加工場13箇所の清潔作業空間で実施した空間噴霧除菌事例

事例10	畜肉, 水産加工場
目 的	P'sG噴霧による製造室内の消臭効果の検証を主目的として, 合わせて微生物に対する除菌効果も検証した。製造室940m^{3}と520m^3。
方 法	1流体方式噴霧装置（移動式）を利用し, 直吹き方式によるテストをした。2流体方式と比較して噴霧量が大幅に多いために噴霧テスト時間を1分運転し29分停止に設定しP'sG有効塩素濃度100ppmで効果検証テストを実施した。
結 果	エアサンプラーによる測定結果については, 水産加工室についてのみ下記に示した。
所 見	消臭効果は畜肉加工室および水産加工室とも, 現場聞取り調査は満足する結果であった。除菌効果については下記に水産加工室の事例を掲載したがクロカビ胞子に焦点を当ててみると, 1日目に68%存在したものが最終的に7日目にはゼロになった。

テスト結果　エアサンプラー測定（2分-200L）水産加工室の例

テスト日	1日目	2日目	3日目	4日目	5日目	6日目	7日目
噴霧（有無）	無し	←───	間欠噴霧（1分運転-29分停止)				───→
カビ胞子数	31	32	24	22	29	18	8
クロカビ胞子数	21	20	14	17	15	9	0
クロカビ胞子の比率	68%	63%	58%	77%	52%	50%	0

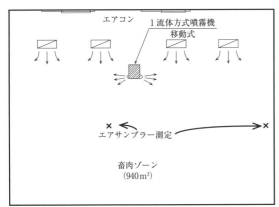 

事例10　畜肉加工場での消臭・除菌イメージ図

事例 11	惣菜具材保管庫
目　的	一次保管庫内の浮遊カビ胞子軽減対策。保管庫の容積 245m³。
方　法	2 流体方式（セントラル方式）噴霧装置を図の様に設置し，噴霧ノズルをエアコン周りに取り付けて間欠噴霧した。P'sG 有効塩素濃度 100ppm を間欠運転（3 分運転-27 分停止）に設定し，効果検証をした。
結　果	エアサンプラーによる空中浮遊菌の測定結果を下記に示した。（実施月はカビの多い 7 月を予定した。
所　見	4℃の低温庫ではあるがエアコン周りを中心にアオカビおよびクロカビが生息しており，空中浮遊のカビ胞子総数の 80％程度に及んでいた。間欠噴霧（3 分運転-27 分停止）により徐々に減少傾向にあったが，倉庫の出入りなどの頻度との関係で，測定結果にムラが出る結果となっている。継続運転することで庫内の常在菌を減少させる効果があると思われるが，保管庫稼働状態では，完全に胞子をなくすことはできず，目標値を定めて出入管理など含めた対策が必要と思われる。

テスト結果　エアサンプラー測定（3 分-300L）

テスト日	1日目	2日目	3日目	4日目	5日目	6日目	7日目
噴霧（有無）	無し	←　　　間欠噴霧（3 分運転-27 分停止）　　　→					
カビ胞子総数	108	39	—	74	—	—	40
アオカビ，クロカビ	—	28	—	73	—	—	30

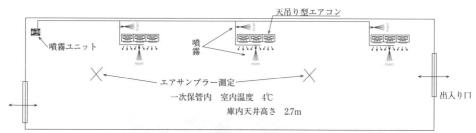

事例 11　一次保管庫内のカビ汚染軽減対策イメージ図

6．P'sG を用いた食品加工場 13 箇所の清潔作業空間で実施した空間噴霧除菌事例

事例12	惣菜製造工場
目　的	たれ保管冷蔵庫（45m^3）および具材詰合室内（230m^3）の環境改善
方　法	2流体方式（セントラル方式）噴霧装置を屋外に設置し，エアー配管により図に示したような位置に噴霧ノズルを配列設置し P'sG 有効塩素濃度 100ppm を間欠噴霧（3分間運転-27分停止）することで除菌効果を検証した。
結　果	エアサンプラーによる空中浮遊菌の測定結果を下記に示した。
所　見	たれ保管庫については庫内温度が5℃であったがクロカビ，アオカビが生存し落下によるクレームもあったが，間欠噴霧することで最終日は0になった。具材詰合室については作業員の出入りも多くクロカビ，アオカビ中心に多く生存しているが，噴霧効果で徐々に減少傾向になったのが確かめられた。

テスト結果―具材詰め合わせ室　エアサンプラー測定（3分-300L）

テスト日	9/16	――>	9/20	――>	9/24
噴霧有無	無し	<―― 間欠噴霧（3分運転-27分停止） ――>			
カビ胞子総数	130	――>	99	――>	66
クロカビ胞子	35	――>	20	――>	2
アオカビ胞子	95	――>	77	――>	64

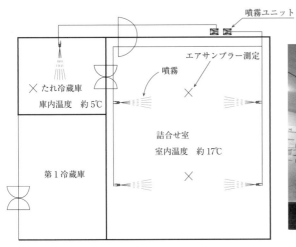 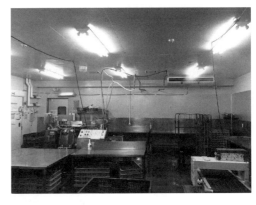

事例12　総菜詰め合わせ室等の除菌イメージ図

事例13	カット野菜工場
目　的	カット野菜工場内で、野菜を蒸煮機で加熱調理後冷却する、製造包装室内（260m³）に設置された、開放型の多段冷却コンベア内のトレー上の商品に、落下する微生物軽減対策。
方　法	1流体方式噴霧装置（移動式）を図に示すように1台設置し、作業終了から翌朝にかけて間欠噴霧（2分噴霧-28分停止）で10時間運転した。使用した液剤は5Lであった。P'sGは有効塩素濃度100ppmを使用し、使用量は5Lであった。
結　果	エアサンプラーによる空中浮遊菌の測定結果を下記に示した。
所　見	カビ胞子に対する噴霧効果は、1晩噴霧することで大幅に減少することがわかった。一般生菌数についても減少効果が見られた。継続噴霧することで確実に室内空間の環境改善により包装手前の品質向上につながると思われた。

テスト結果　エアサンプラー測定（4分-160L）

測定場所	カビ菌数		一般生菌数	
	噴霧前	噴霧後	噴霧前	噴霧後
包装室内	74	2	38	21
加熱・冷却室中央	88	6	51	12
蒸煮機入口周辺	102	12	52	34

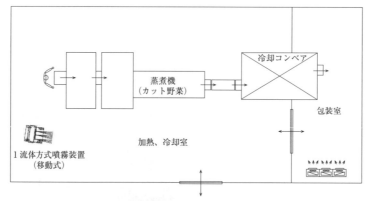

事例13　カット野菜工場の除菌イメージ図

7. 食品工場の環境実態調査に伴う注意点

　調査結果を掲載したものも含め，30工場を超える各業種別の食品工場を調査した結果，清潔作業空間に設置されているエアコン周りのカビ付着が予想以上に多い事がわかった。エアコンについては，計画的なフィルター清掃およびエアコン周りの清掃が基本であり，その後に除菌対策をするのが効果的と思われる。

　特に，清潔作業区域に設置されエアコンのフィルター周り，コイル表面，送風機周りおよびダクト内にも多くのカビの発生が見られた。吹出口周りには休日の翌朝運転開始と同時に大量のカビ胞子飛散が測定で確認出来た。

　その他の点としては，商品の一時保管庫および半製品の冷蔵庫内は低温領域（4～8℃）でもクーラー周りに多くのカビ胞子が存在した。特に天井面吸込口にクロカビが多く付着していた（クーラーについては第2章で講述）。

　また，水産練製品製造工場で多く使用されているクーリングトンネルも，庫内の強アルカリ発泡による洗浄殺菌作業を計画的に実施されていた。本体の年数が経過と共に冷却コイルの裏側部分に死角が出きて，庫内を100%殺菌されずにいた。生き残ったカビ胞子が夜間運転停止時に増殖を繰り返し，早朝の生産開始と同時に庫内にカビ胞子が多量に飛散落下しトラブルが発生する環境にあった（図3.7）。

　これら以外で気をつけたいカビからの汚染経路と対策について表3.9にまとめた。

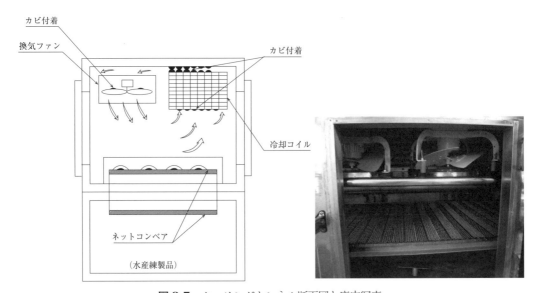

図3.7　クーリングトンネル断面図と庫内写真

表 3.9　環境調査に基づくカビ汚染経路とその対策

	カビ汚染経路	対　策（防止措置）
1	外気導入時にダクト，換気扇により取込み	適切な除去フィルター選定とダクト内除菌ミスト
2	窓，出入口，シャッター開放時に外部より侵入	従業員の管理，前室除菌ミスト
3	作業区域内に設置されたエアコン運転時に内部のカビ胞子が大気に拡散	エアコン周りの清掃と空間噴霧除菌
4	従業員の衣服に付着して持込み	ロッカー乾燥室内の除菌ミスト
5	外部より持込むダンボール，資材に付着し持込み	資材導入口に除菌ミストカーテン等
6	床のクラック周りに増殖したカビが靴裏に付着して持込み	定期的な床材補修管理，床除菌洗浄
7	一次冷蔵保管庫より包装工程間の移動中に商品に付着しそのまま包装される	保管庫内および包装空間の空間噴霧による除菌管理
8	和菓子製造工程で粉を多く使用する場所の空間に浮遊するカビ胞子	空間噴霧と清掃の定期組合せ
9	饅頭の蒸工程より室内で冷却工程時に表面にカビ付着する	換気による結露防止対策と室内空間の空間噴霧除菌対策
10	防虫ノレンの表面の汚れで衣服，荷物にカビ付着し持込み	定期的除菌拭取り管理
11	製造室内壁，天井，照明器具，機械周り表面のカビ胞子が作業着に付着している	定期清掃および空間噴霧除菌

参考文献
1) 食品事故情報告知ネット：(財)食品産業センターHP より。(2015)
2) 食品衛生管理の国際標準化検討会（中間とりまとめ）：厚労省 HP, (2016/10)
3) 日本食品衛生協会：早わかり食品衛生法，日本食品衛生協会，p400, (2007)
4) 福崎：食品添加物としての塩素系殺菌料の種類と使用留意点，次亜塩素酸の科学，p7 (2013), 産業図書
5) 福崎：次亜塩素酸の実践活用ノウハウ，工業技術会セミナ資料，p6, (2016/8)
6) 次亜塩素酸を活用した食中毒菌及びウイルスの制御：(財)食品分析開発センター（SUNATEC）2016
7) ビーズガード社：技術資料
8) 高鳥：食品工場に於ける清浄作業区域の付着菌及び空間浮遊菌の調査判断基準
9) 高橋：エアコン周りのカビ検証と除菌対策実態，クリーンテクノロジ，p40 (2015)
10) 高橋：空調設備内部のサニテーション，食品工場，p72 (2014)
11) 高橋：空中浮遊菌の検証実験レポート，食品工場，p44 (2014)
12) 高橋，野々村：カビ対策を考慮した施設設計と環境維持，月刊 HACCP, p38 (2017)

特論　食品工場の空気管理のための建築・設備計画の考え方

1. 換気空調設備計画の前に考えるべきこと

食品工場の空気管理のための換気空調設計は，食品の安全・衛生確保のための重要なハード技術であり，食品への危害物質の付着と混入を最少とし，危害物質の増殖を抑制することを目的にしている。ここではまず最初に，換気空調設備に外部から一体何が影響するかについて考えてみる。

1.1 建築物に影響を及ぼす「外乱」

「外乱」とは一般に，「制御系を乱す外部要因のことで，気温や湿度や気圧などの環境を構成する物理的要因のこと」を言う。食品工場という建築物についての外乱を列挙すると，主には**表 1.1**のようなものが挙げられる。

表 1.1　食品工場における外乱

外　乱		建築	換　気	空調,冷凍・冷蔵	給排水
一次的	地震	◎	○	○	○
	風	◎	○	○	
	方位	○		◎	
	雨・雪	◎	◎	◎	
	気温	○	◎	◎	○
	湿度	○	◎	◎	
	日射	○		◎	
	地中温度	○		◎	
	気圧	△	△		△
	臭気	△	◎		
	粉塵	○	◎	○	
	塩分	◎	◎	◎	
	生物		◎	◎	◎
	微生物		◎	○	◎
	水質				◎
	水圧				◎
二次的	構造体蓄熱			◎	
	構造体透湿			◎	

建築的にみれば老朽化を促進するもの，換気的にみれば室内導入前に除去しておくもの，空調，冷凍・冷蔵的にみれば，負荷に該当するもの，がそれぞれ外乱にあたる。

本書の命題である空気汚染と浮遊菌対策には，表の「換気」，「空調，冷凍・冷蔵」の欄の印のある外乱項目からの影響が大きく，次節からはその緩和についての方策について述べる。

1.2 外乱を緩和する対策

1.2.1 建築物と方位

食品工場の方位などは，一般に外乱には該当しないと思われるようだが，建築物に侵入してくる熱の除去を行う空調や冷蔵では，重大な外乱に該当する。特に気をつけるべきは西日と工場の北側である。西日は，空調や冷蔵・冷凍の負荷を増加させ，機械の寿命を短くする。また，北側部分は，機械メンテナンスをしにくくする。

西日が特に問題になるのは，夏である。夏の西日は，低い入射角で建物の西面を照らすため，窓があれば容易に室内に侵入し，窓が無くても構造体である外壁を通じて室内に熱として侵入してくる。例えば，建物の西面に事務室が配置されていた場合，簡易的に**表 1.2** 程度の熱負荷となる。

表 1.2 ペリメータ主方位の違いによる熱負荷の差（事務所）

室の種類				熱負荷 W/m²
事務所	ひさし無	窓面積率 45%	ペリメータ主方位：北	107
			ペリメータ主方位：西	161
	ひさし有	窓面積率 45%	ペリメータ主方位：北	99
			ペリメータ主方位：西	129

出典：空気調和・衛生工学会規格，冷暖房熱負荷簡易計算法：SHASE-S112-2000

表 1.2 を見て分かるように，ペリメータ（外界の影響を受けやすい外周部分）が西面にあるだけで，北面にペリメータがある場合に比べ，1.3～1.5 倍もの熱負荷になる。したがって，敷地に建物を配置する際には，① 西面に面する外壁面を減らす，② 西面には低温度要求の室を極力配置しない，という配慮が必要になる。

また，西面に空調機屋外機などを設けると，他の方位に面して設置するのに比べ，側面全面に日射を浴びることになり，屋外機機内の温度上昇から，機械寿命を下げかねない事態が発生するため，これも極力避けた方がよい。他方，北側については，緯度の高い地方や日本海側においては，雪の吹き溜まりになる傾向があり，冬季の機械メンテナンスをしにくくするため，これも避けたいところである。

1.2.2 建築物と雨・雪

雨・雪という外乱は，緩和するのではなく，建築物に侵入させない防止策が必要になる。特に問題になるのは，換気における外気取入れ部で，ここで雨・雪の侵入を許すと，給気ダクトを通じて，室内にその被害が及ぶことになる。換気における外気取り入れは，一般的に外壁のガラリを通して行う。

ガラリをダクトサイズそのままで開口し，外気を取り入れた場合は，窓を開けっ放しにしているより激しい雨・雪がダクト内に侵入する。これを防止するには，

① ガラリの開口率を一定の率以下とすること
② ガラリから吸い込む外気の風速を一定の速度以下に下げること
③ ガラリとダクト間にチャンバーを設け，そのチャンバー下部は水切りテーパーを設けることが挙げられる。その対策を **図 1.1** に示す。

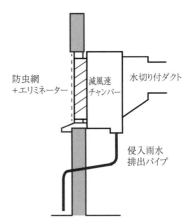

図 1.1 外気取り入れガラリ断面図

雪害が心配される地域においては，**図 1.1** に示す対策は必須とし，場合によっては，外気取入れ方向を冬季の風向と反対方向にするなどの対処を必要とする。

1.2.3 建築物への気温・湿度の影響

気温・湿度は，換気，空調，冷凍・冷蔵に最も関連深い外乱パラメータであり，特に空調，冷凍・冷蔵設備は，対象室内が外気の気温・湿度にならないために，その仕組みが出来ていると言える。食品工場は一般の施設に比べ，低温の室が多いため，気温・湿度が，換気，空調，冷凍・冷蔵に重大な影響を及ぼす季節は，夏季と思えるが，地域によっては冬季に重大な影響が及ぶ場合がある。換気空調をエアハンドリングユニットで行った場合の冷房時の空気線を**図 1.2**に示す。

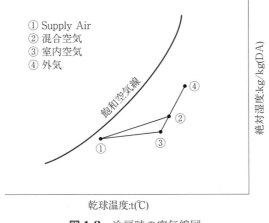

図 1.2 冷房時の空気線図

取り入れた外気は室内の排気と一部合流し，その後冷却コイルで冷やされ，それが室内に送風される。この場合，送風される空気の温度・湿度はほぼ一定に保つことが可能となるが，この仕組みを食品工場で採用するのは稀で，通常は機械換気＋エアコンを利用することになる。この換気空調方式を図1.3に示す。

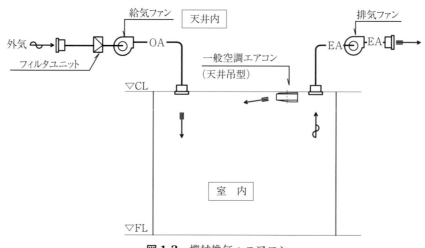

図 1.3 機械換気＋エアコン

この場合問題となるのは外気導入で，図1.3のように外気をそのまま何の処理もせず導入すると，室内温湿度とかけ離れた外気が導入されることになり，次のような問題が生じる。

① エアコンの負荷増（外気負荷がそのまま室内機負荷になる）
② エアコンの能力が間に合わなくなれば，室内温度が上昇する
③ 絶対湿度が上昇し，室内露点が下がるため，室内の低温部に結露が生じる

上述は夏季での問題だが，冬季でも寒冷地域では，

④ 外気が室内温度の露点温度以下で導入されるため，吹き出し口から白煙が生じる
⑤ 足元が寒くて，作業がしにくい

という問題がある。

何れの問題も，室内に空気を導入後に処理するのは理屈から外れており，事前に処理された外気を室内に導入すべきである。外気温調の方法については，4.1 外気温調システムで紹介する。

1.2.4 建築物と日射

日射は建築構造物を通じて，室内に侵入してくる熱としての外乱である。これは換気や空調などで緩和することは出来ず，建築物の静的仕様に配慮することでしか緩和することができない。
食品工場は通常は無窓であるため，外壁を例にとると，侵入してくる熱は，

$$Qw = K \cdot \Delta te \cdot A$$

Qw：日射を受ける外壁からの侵入熱量（kW）

K：熱通過率（kW/（m²·K））

Δte：実効温度差（K）

A：対象外壁面積（m²）

で表せる。これらのパラメーターの内，設計上配慮して外乱の影響を少なくすることができるのは，熱透過率（K）と対象外壁面積（A）である。2種類の外壁タイプを設定し，K値を算定した結果を**表 1.3** に示す。

表 1.3 外壁タイプ別熱通過率

外壁断面	材　料	厚さ l m	熱伝導率 λ W/(m·K)	熱伝導抵抗 R m²·K/W	熱通過率 K W/(m²·K)
屋外　屋内 1 2 3	1. ALC（気泡コンクリート）	0.1	0.17	0.59	0.048
	2. 空気層	0.05	-	0.18	
	3. 断熱パネル	0.042	0.0021	20	
屋外　屋内 1 2 3 4	1. カラー鋼板	0.004	45	8.89×10⁻⁵	0.05
	2. プラスターボード	0.0125	0.79	0.016	
	3. 空気層	0.05	-	0.18	
	4. 断熱パネル	0.042	0.0021	20	

算出した結果から，外壁内部に空気層がある場合は，K値にそれほどの差異がないことがわかる。これは後述するが，外壁材料に高価な材料を用いても省エネルギー上の優位性はあまりないということである。

また，外壁面積を小さくすることで，侵入熱量を減じることができるが，外壁の面積は内部の室高さ・天井内の必要高さに大きく影響されるので，内部プランを決める際に合わせて検討するのがよい。さらに，外壁より日射を受けやすいのは屋根である。複層建物にでもしない限り，屋根面積そのものは減らないが，屋根そのものの仕様と色彩は気をつけておくべきである。屋根の色彩については，当然太陽光を反射する色彩にすることが有効と言える。

食品工場は，製造室の内装に断熱パネルを用いていることが多い。しかし断熱しているからと言って，天井内に全く熱が伝わらないかというと，そういうわけではなく，加熱調理室の直上天井内は暖かく，冷凍庫・冷蔵庫の直上天井内は寒い。これらの温度と屋根の温度差が大きい場合，天井内で断熱パネル面もしくは屋根または，鉄骨が結露する場合がある。このようなことが懸念されるときは，折板を二重葺きにし，その間に断熱材をサンドイッチした屋根材を用いると有効である。

1.2.5　建築物と地中温度

地中温度も日射と同様，建築構造物を通じて，室内に侵入してくる熱としての外乱である。

空調の場合，地中温度は概ね外気温度より低く，負荷の対象として計算する必要はないが，暖房時は地中を建築物が暖めるため，その損失を計算に加えておく必要がある。ただし，食品工場の場合は一般建物より室温が低い室が多いため，空調は冷房側で計算して空調機器能力を算定するので，それほど気にしなくてもよい。

冷凍と冷蔵の場合は，地中温度が室内温度より高くなるため，侵入熱として考慮に入れておく必要がある。計算そのものは冷凍・冷蔵の専門書（㈳日本冷凍空調学会　冷凍空調便覧　等）を参照されたい。また冷凍の場合，地中に冷気が伝わり，地中の水分が凍結し，床を持ち上げる凍上現象が生じないよう，十分な断熱を床に施す必要がある。これも前述の専門書を参考にするのがよい。

1.2.6　建築物と気圧

気圧は目に見えて影響を及ぼす外乱ではないが，ここで念頭に置いておきたいのは，建物は呼吸する，ということである。木造建築などの住宅は人間が住むことを目的としているため，建物が自ら呼吸することで新鮮外気を取り込み，快適さを生み出すが，食品工場は食品を製造することが目的であるため，新鮮外気を何の処理も行わずに取り入れることは，様々な異物などを取り込むことになるため，してはならない。処理していない新鮮外気を取り入れると思わぬ異物も同時に取り込んでしまう恐れがある。

建物として気をつけておきたいのは，材料と材料の接合部のシールである。これは新築時には問題にならないが，経年劣化で役目を果たさなくなってくると，雨水侵入・粉塵侵入・昆虫類侵入を招くことになる。また，屋根と外壁の面戸部に隙間が生じている場合，天井内への昆虫の侵入を許し，ひいては製造室内へも侵入してくる場合があり，要注意である。

1.2.7　臭気と移り香

食品工場周辺で臭気が生じている場合は，その成分によっては建物や設備の劣化が進んだりするが，最も問題になるのは食品への臭いの移行，いわゆる移り香である。

東京都福祉保健局によると，平成20年にカップ麺，ミネラルウォーター，牛乳，菓子などで移り香による苦情事例が報告されている。一般には，包装されていれば移り香は生じないように思われるが，食品の包装材料は全ての物質にバリア性があるわけではなく，特定の臭気などは透過する。牛乳の例はまさにその一例と言える。したがって，周辺に臭気が漂っている場所については，その臭いが「良いか／悪いか」は別にして，極力建設地にしない方がよい。

周辺外気に臭気が混じっており，明らかに食品に影響を及ぼすと思える場合は，外気に処理を

施すことになる。処理は臭気の成分を分析し，それから装置を決めていく必要があり，単純に選択したりすると，全く処理できなかったり，ランニングコストの大増加を招くので注意が必要である。

1.2.8 粉塵と工場内の清浄度

粉塵は異物混入としてだけではなく，微生物の増殖にも関連があり，粉塵対策は食品工場で最も注意しなければならない清浄度対策と言える。環境による塵埃と菌数を**表 1.4**に示す。

表1.4 取入外気に直結する大気中の汚染物（塵埃と菌）の量

環境	場所	塵埃濃度（個/f³） ($0.5\mu m \leq$)	落下菌数
汚染地区	工業地帯	～100,000,000	40～400
	都会	1,000,000～10,000,000	5～40
	田園都市	100,000～1,000,000	1～5
清浄地区	管理された工場	10,000～100,000	0.3～1
超清浄地区	クリーンルーム	1～10,000	0～0.3

表 1.4で塵埃と落下菌数の相関を見ると，環境や場所の影響もあるため，相関関係が認められるとは言い難いが，概して塵埃濃度の高い場所は落下菌数も多い傾向を示していることがわかる。また土壌1gあたりの微生物は，細菌：1,000,000～10,000,000個，真菌：1,000～10,000個が生存しており，強風でも起これば大気中に一気に拡散して，食品工場に影響を及ぼすことになる。自然の多い田舎では田畑になっている面積が多く一見空気が良さそうだが，その実，危害要因は多く含まれている。

屋外からの粉塵防御としては，先ず外壁・内装の気密度の向上が挙げられ，次に工場自体の陽圧化を行うことになる。人・物に付着もしくは出入口開閉による粉塵の持ち込み防止については，前室の設置，エアロック化による対策が考えられる。換気における外気処理フィルタについては，第1章の食品加工場の空気とフィルタの仕組と選択に詳述されているので，参照されたい。

1.2.9 建築物と塩分

コンクリート構造物の耐久性を損なう原因は色々あるが，化学的なものとして筆頭に挙げられるのが塩分と言える。海水や海水の飛沫がコンクリートにかかった場合，コンクリート内の細孔を通って塩化イオン（Cl^-）が内部に浸透し，拡散することでコンクリート内の鉄筋を腐食させる。塩分によって腐食した鉄筋は体積が2～3倍に膨張するため，コンクリートは内部から圧迫され，それが進むとひび割れや剥落，崩壊につながり，さらに生じた隙間から水分，昆虫なども侵入することになる。

これを防止するには，鉄筋のコンクリートかぶり厚さを増す，水：セメント比を低くして，コンクリートを密実にするなどの対策を講じることになる。詳しくは種々の研究成果が各大学の建築学科などから発表されているので，それを参照されたい。

一方，設備は金属を多用しているため，分電盤内の絶縁不良や室外機のフィン腐食による伝熱不具合を招く。

設備で最も単純な塩害対策は，屋内に設備を設置することであるが，室外機は屋内に設置することができない。またメーカーの塩害対策品は，それを用いても良い効果が得られないものが多く，沿岸部の食品工場には悩みの種となっている。

通常の塩害対策品や重塩害対策品は，室外機のアルミフィンにコーティングを施すが，コーティングした時点では効き目があっても，組立中にビスによる傷がつき，そこから腐食してしまう現象が起きている。これを防止するために，室外機を分解し，フィンを含めた内部にエポキシ樹脂を塗装し，組立後に更に塗装を行うことで防錆対策をする機種もあり，重塩害地区には検討の余地ありと思われる。

1.2.10　生物の建物への侵入

ここでいう生物とは，細菌・真菌を除く，一般の大型動物・ネズミを含む小動物，鳥類，昆虫を指す。大型動物については一般的には敷地内に入り込ませないフェンスなどが設けられるため，内容から除外する。

小動物・鳥類・昆虫への対策は，それらの敷地内への侵入を見てから対策を行うのではなく，侵入させないための事前の対策が必要と言える。図1.4に無防備な外構の例を示す。

図1.4　放置物のある外構

図1.4に示すような放置物があると，そこを生息域として小動物・昆虫類が棲み付き，工場内から発する光や臭気に誘われて工場内へ侵入してくることになる。そうさせないために，先ずはあたり前の5S（整理・整頓・清掃・清潔・躾）が，適切に励行されることが重要である。

次に行うのは，小動物などが入れないバリアを設けることである。例としては小動物忌避材を含有している建材の採用や柵の設置，捕獲器・バーデルプレート（剣山型樹脂板）の設置などが

挙げられる。もちろんそれよりも先に，工場敷地レベル（GL）より1階床レベル（1FL）を1m程度嵩上げし，小動物などがそのまま徘徊して侵入できないように配慮することは必須である。

建築および設備で防虫を考慮した対策は3つある。1つは出入口への前室の設置，2つ目には室内陽圧化，3つ目には照明器具への配慮である。照明器具を図1.5のように配置し，表1.5の器具を設置したとき，図1.6の結果が得られた。照明器具については，この関係を理解しておくとよい。

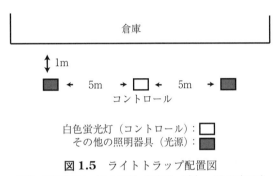

図1.5 ライトトラップ配置図
出典：羽原政明：ペストロジー学会誌，7(1)，p37-38(1992)

表1.5 使用した照明器具

種類	光源（20W）	処理
C0	白色	無処理
A	無灯	消灯
B	純黄色	無処理
C	白色	紫外線吸収剤塗布
D	白色	反射板付き紫外線カットチューブ設置
E	ブラックライト	無処理
F	ブラックライト	反射板付き紫外線カットチューブ設置
G	美術・博物館用紫外線防止型	無処理
H	昼光色	紫外線カットチューブ設置の製品

出典：羽村政明：ペストロジー学会誌，7(1)，p37-38(1992))

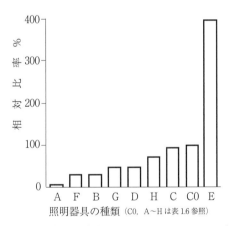

図1.6 白色蛍光灯を用いたライトトラップに捕獲された個体数を100とした場合のその他の照明器具（光源）をライトトラップに捕獲された個体数の相対比率
出典：羽原政明：ペストロジー学会誌，7(1)，p37-38(1992)

図1.6，表1.5からわかることは，通常用いられる白色蛍光灯（C0）に対し，紫外線吸収剤塗布白色蛍光灯（C）は概ね90％の誘虫度となり，反射板付き紫外線カットチューブ設置白色蛍光灯（D）は概ね50％の誘虫度となることである。つまり，低誘虫を謳っている器具であっても，通常の白

色蛍光灯の誘虫度を，やや減じる程度の効果しかなく，過信は禁物ということである。

最近は LED 照明器具が用いられることが増え，虫が集まりやすい波長をあまり出さないため，虫が寄ってこないと過信されているが，寄り付きが少なくなるだけでゼロには決してならない。特に庇下に照明を設ける場合は，その灯数は要注意である。

1.2.11 微生物の侵入

ここでいう微生物とは，細菌・ウイルス・真菌を指す。微生物については，微生物そのものへの対策を考えるのではなく，その侵入を防止することを先ず考える必要がある。

微生物の侵入経路については，**図 1.7** が考えられる。

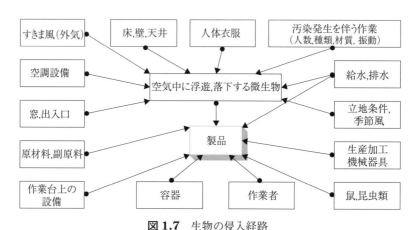

図 1.7 生物の侵入経路
出典：廣田稔，クリーンテクノロジー，9(96)，p10-17(1999)

作業員などを経由して，製品を直接汚染する場合と，床・壁・天井などの内外装や空調設備などからの浮遊微生物が空気などを介して，製品を汚染する経路がある。

屋外からの侵入については，先に述べた外乱の内，風・粉塵・生物に対する緩和策を実行することで，それを減らすことが出来る。工場内で考慮する必要のある事項については，次節で述べる。

1.2.12 構造体蓄熱

昔の石造りの建物に入ると，夏でも冷房していないにも関わらず，ひんやり感じることがある。これは冷熱が石自体に蓄熱されているためであり，人が体表から放出している輻射熱を吸収するために起こる現象である。

現在の食品工場はそのほとんどが鉄骨造であり，屋根・外壁に蓄熱することはあるものの，金属材料を使用することが多く，放熱もしやすいため，これについては特段の配慮は必要ない。

1.2.13 構造体透湿

透湿は外壁・基礎から生じる現象だが，先にも述べたように食品工場は屋根・外壁に金属材料を使用することが多く，元々構造体の透湿が起きにくい。ただし，厳密な湿度制御を必要とする恒温恒室や低温実験室などを併設する場合は，透湿量が問題になるが，現在はその内装のほとんどが断熱パネルを使用しているので，特段の配慮はこれも必要ない。

1.3 内部環境を維持するために必要なことは

内部環境を良好に維持するためには，換気空調を先に考えるのではなく，食品工場そのものがいかに内部環境を維持しやすくなっているかを考える必要がある。このことは，良好な換気空調を行うための前提のインフラと言え，これが不適切だと高度な換気空調設計を行っても徒労に終わる。

食品工場の計画にあたっては，当然 HACCP を導入することを前提とし，ハード面とソフト面の整備が必須である。ソフト面については製造品目の特性によって多岐にわたるが，ハード面については，微生物と異物の制御は最も重要な要素であり，**図 1.8** のように，

① 外部からの侵入防止　　…入れない
② 内部増殖防止　　　　　…増やさない
③ 除去，殺菌　　　　　　…殺す

の3つを確実に行えるようにしなければならない。

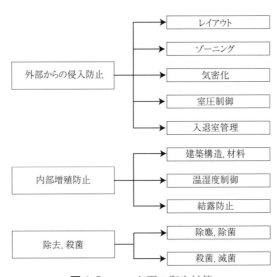

図 1.8 ハード面の衛生対策
出典：廣田稔，クリーンテクノロジー，9(96)，p10-17(1999)

そのためには，建築的なゾーニングによる食品と作業員の動線計画の適正化，製造エリアの室温と湿度，気流・圧力の適正化が必要となり，微生物の侵入・増殖に関わる事項と除菌・殺菌・

消毒の基礎的事項を知っておく必要がある。

実際に食品工場設計を進めるには、製造される食品の種類・製造方法・物流方法などを調査・確認し、工場内の生産フローダイアグラムを作成し、工程ごとに製造品に何が衛生的危害を与えるのかを確認することから始める。

その順序としては、調査、生産フロー作成に引き続き、ゾーニング計画→動線計画→建築計画→設備計画と進めていくことになる。

1.3.1 ゾーニング計画

ゾーニング計画は、製造品への汚染や生産効率に影響を与える重要なポイントである。ゾーニングは、原料・副原料・資材・中間仕掛品・包材、生産設備・搬送器具、作業員・管理者・見学者、空気、用水、などを汚染から守るために、その作業内容に応じて行う。

HACCPでのゾーニングは、製造エリアを一般に、清潔作業区域、準清潔作業区域、汚染作業区域の3区分に分けるが、納豆など菌体を使用するエリアは、さらに分けて4区分にする場合がある。

図 1.9 にゾーニングの計画例を示す。

清浄度区分		汚染作業区域	準清浄作業区域	清潔作業区域	準清浄作業区域	汚染作業区域
清浄度基準 （落下菌数）	一般細菌数	100個以下	50個以下	30個以下	50個以下	100個以下
	真菌数			10個以下		
ゾーニングおよび工程		入荷→保管→開梱→下処理	調理	冷却→盛付包装	仕分け	出荷待機→出荷

図 1.9 ゾーニングの計画例

原料の入荷や原料倉庫・包材倉庫、出荷前室などは、屋外との出入があるため、汚染作業区域とする。

炊飯後の冷却室、加熱調理後の盛付包装室などでは、製品が暴露しており、その後に殺菌工程がないため、清潔作業区域となる。

加熱調理室や炊飯室は、殺菌前後の仕掛品と製品が混在するため、準清潔区域となるが、ここが最も曖昧になりやすいところで、最近では回転釜を180度前後のどちらにも倒せ、汚染作業区域から原材料を投入し、加熱調理後の仕掛品を反対側の清潔作業区域から取り出す、というようなことも行われることがある。

ゾーニングでは、コンビニエンス向けのパンなどのカット以外の加工がない通過品と捉えてもいいようなものは、外装を外した時点から、清潔作業区域での作業となるので、注意が必要である。

このような例は洋菓子や和菓子，インフライトケータリングの工場では多く見られるため，生産フローを十分把握した上でゾーニングを検討しなければならない。具体的な換気空調設計条件は，それぞれの清浄度ごとに目標とすべき基準を設定することになるが，ただ平面図に色分けして作業員に見せた程度では徹底されない。

清潔作業区域の仕掛品や製品が二次汚染されないようにするためには，作業員の往来が簡単に出来ないように，隔壁を設けたり，入室準備室を分けたり，位置を考慮することで対処するのが好ましい。また作業区域が明らかにわかるように，作業衣の色や床の色を分け，作業員に自覚を持たせることも効果がある。

清浄度基準は衛生規範により，定められてはいるが，実際の現場での測定結果はこれを下回ることが多い。それでも品質問題が発生することはご承知の通りである。

1.3.2　動線計画

動線計画はゾーニング計画に基づいて，各室の実際に必要な面積を，原材料入荷から製品出荷までを工場内に配置することから始める。この際あらかじめ食品工場全体でどのような動線が生じるのかを，生産フローとゾーニングから検討しておくと整理しやすい。

食品工場には，**表1.6**に示す物の動線が存在する。**表1.6**を考慮して計画された工場の例を**図1.10**に示す。

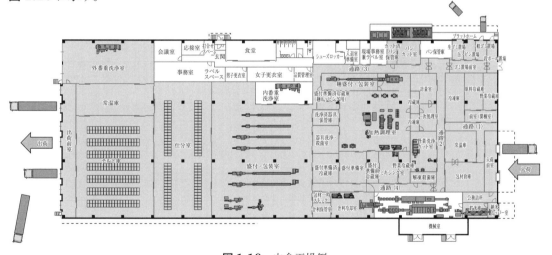

図 **1.10**　中食工場例

動線は，各清浄度区分間の清浄度基準の差や，それぞれの区分間のバリア構造に配慮し，清浄度の低い区域から汚染を最小限にすることを目指して計画しなければならない。

人の動線については，清浄度区分ごとに入室準備の衛生行為を行った後に入室する動線が好ましい。

高い清浄度区域と低い区域の間の行き来が出来ないようにするのが理想であるが，少なくとも

表 1.6　食品工場内の動線（中食工場の例）

動線	特徴
原材料	原材料は入荷前室にて開梱後，常温・冷蔵・冷凍にそれぞれ温度帯ごとに分けて保管すること。 中には呼吸する物（野菜・柑橘類）もあるため，分けて保管する場合もあるので，注意を要する。
包材	包材は工場中央部の盛付包装室で必要になるため，原材料や仕掛品や製品が暴露していないエリアに動線を組み立てるのがよい。 包材は入荷した時は汚染物と言えるが，開梱して外装を剥がした中身は製品をも上回る清潔物として扱う必要がある。中食の包材は入荷してから殺菌する工程がない。
通過品	中食工場でパン自体を焼成することはなく，出来上がりの仕掛品として入荷する。入荷する時は外装が汚染されているため，汚染作業区域で保管することになるが，カットする際には既にそこは清潔作業区域となる。 他にも例えば出来合いの製品（玉子豆腐，小袋のソースなど）は，入荷から盛付待機まで非常に短い動線が望ましい。
調理前仕掛品	調理前の仕掛品は，その後殺菌工程を行うものと行わないものに分けられる。 殺菌工程を行うものは，未だ汚染物として取扱うこと。殺菌工程を行わないものは既に清潔物のため，そのまま盛付包装室へ出来るだけ通路を介さずに持ち込める位置に待機させること。
調理後仕掛品	調理後の仕掛品は，これ以降殺菌工程がない清潔物であり，出来るだけ通路を介さずに盛付包装室に持ち込める位置に一次待機庫を置き，そこで待機させること。
盛付包装後製品	盛付包装後製品は包装されており，暴露していないため，清潔作業区域以外を通過・保管しても支障ない。 ただし，そのまま店舗で販売されるもののため，汚れが付着することのないよう清潔作業区域の作業員が番重取りし，仕分け作業に渡す配慮が必要である。ここで用いる番重は内番重が望ましい。外番重は配送で用いたものであり，洗浄されてはいるものの，汚れ方は屋外のそれであり，盛付包装室に持ち込むのは適当ではない。
仕分け後製品	仕分け後の製品は，外番重に仕分けられた状態になっており，食品工場というより，物流センターで保管されている製品と言っても差し支えないものである。最近はチルド弁当なる今までの常温品とは異なる製品も製造されているので，要求される温度での保管は必須である。
仕掛品搬送容器	仕掛品を搬送する容器は，ホテルパンやバットを用いることになる。材質はアルミもしくは SUS が一般的である。スチームコンベクションオーブンなどで容器ごと調理する場合を除き，容器内にビニルシートなどを敷き込み，製品の付着を防止して洗浄負荷を減らすのが望ましい。 殺菌後の冷却以降は，仕掛品が暴露しないように容器の上もビニルシートで保護する配慮も必要と言える。
内番重	内番重は，原材料から製品まで，製品が仕分けされるまでのあらゆる工程で用いられる。 特にその物量が多いのは，加熱調理→冷却→盛付前準備→盛付待機→盛付の工程で，盛付が終了した内番重は洗浄され，また調理工程で戻っていくことになる。この動線が円滑になっていないと盛付工程の稼働率を下げ，引いては工場全体の稼働率を下げることになるので，注意が必要である。 また，仕分け室では内番重と外番重が混在した状態になっているため，汚染されているものと見なしての洗浄は不可欠である。
外番重	外番重は，仕分け工程で内番重から取りだされて，店舗ごとに仕分けられ，配送される番重のことである。 店舗から返送された後，洗浄はされているものの，常に屋外にあったものであって，その汚染度は内番重とは比較にならない。 したがって，外番重を主体として作業する作業員の手は同じように汚染されているものと見なし，清潔作業区域の作業員の動線と交差しない配慮が必要になる。
ゴミ	ゴミは，工程の下記から生じてくる。最初は入荷した時点の段ボールである。開梱後は速やかに廃棄できる位置に段ボール用のゴミ庫を配置できるとよい。下処理以降は，缶・ビン・その他容器のゴミ，バットに敷き込んだビニル，調理屑，洗浄室での残渣，それからパン耳が数多く排出される。 洗浄室での残渣以外は，生じた時点では汚染物ではないが，一旦ゴミ庫に入ったら汚染物になる。このため，ゴミ庫には一時グレーゾーンを設けた後に入庫するのがよい。 ゴミ庫は，紙類，缶・ビン類，生ゴミの少なくとも 3 種類を分類できるようにするのが望ましい。
作業員	中食の工場は，人手製造・人手搬送のため，作業員の動線の円滑さが効率を生むと言っても過言ではない。 真っ直ぐ・バックしない・交差しない動線を組むことは中食の黄金律とも言える。 各々の作業室ではそれぞれ汚染度合いが異なるため，特に汚染作業区域の動線と清潔作業区域の動線は入室してから退室するまで，交差してはならない。

意図的にそうしなければ出来ないような動線を計画し，特に気にして作業しなくても汚染しづらいレイアウトプランにすることは重要である。

1.3.3 ドライシステム

ドライシステムは，食品工場内の全ての製造設備機器などからの排水を，機器などに接続される排水管を通して排水する方式を言い，床を乾いた状態で使用することで，床からのはね水による二次汚染を防ぎ，室内の湿度を低く保つことで，細菌類の増殖を抑えることができる。

このドライシステムの概念は，欧米から伝わったものであったためか，国内で普及する際に間違って解釈された部分がある。それは，「ドライシステム」＝「床に水を流さない」，という理解である。

中には，「スーパードライな床」などと言って設計し，床に全く排水設備がなく，運用開始後に逆に高湿度状態になって，苦労してしまうケースすら発生している。

食品工場の作業内容を正しく理解していない設計者は，床面のドライ化のみを対象としているが，本来のドライシステムは，食品工場内を出来る限り「低湿度状態に保つ」ことを意味している。つまり「キーピング・ドライ」が本来の意味であり，作業終了後に床を洗い流して速やかに水を切り，翌朝は乾いた清潔な床にすることで，細菌類の繁殖を抑制することを主眼としている。

このため，床の排水が流れやすくなるように床勾配を設け，排水設備も完備することが必要になる。キーピング・ドライが行われれば，種々のメリットが生じる。表 1.7 にウエットシステ

表 1.7 ドライシステムとウエットシステムの比較

項　目	ドライシステム	ウエットシステム
微生物制御	○湿度が低いため，細菌・真菌などが増殖しにくい環境を保ちやすい ○製品・仕掛品への細菌・真菌などの付着も少なくなり，品質劣化を防止できる	▲多湿状態のため，細菌・真菌などが増殖しやすい環境になっており，衛生管理負荷は高くなる
環　境	○製造中は床が水で濡れていないため，滑りにくく安全に作業できる	▲いつでも床が水で濡れていて，滑りやすく危険 ▲冬季は底冷えするため，病気になりやすい
作　業	○床が滑らないので，軽い短靴の使用が可能 ○床からの水はねがないため，ゴムエプロンが必要ない ○床に水や残渣が留まりにくいため，衛生意識が向上する	▲床が濡れているので，生ゴム底の重い長靴は必須 ▲床からのはね水や洗浄水が掛かるのを防ぐために，ゴムエプロンをつけることになる ▲水や残渣の散らばりが自然に起こってしまうので，作業が粗雑で衛生的になりにくい
設　備	○湿度が低いため，劣化しにくくなる ○無闇に機器に水を掛けることがなくなり，漏電などのトラブルが減る ○乾燥しているがゆえに粉塵が浮遊しやすいので室内気流に注意が必要	▲床からのはね水が機器の底板や目で見えない部分を汚染する ▲室内が多湿状態になるため，機器の劣化が促進する ▲建築自体も劣化しやすい

ムとの比較を示す。

　食品工場は腐敗しやすい食材を扱う場所であるからこそ，衛生環境を維持しやすいドライシステムでなくてはならない。これから建てられる食品工場は，最早ドライシステム以外は存在し得ない，と言っても過言ではない。

　ドライシステムを維持するには，乾きやすい床材や間仕切り材，清掃しやすい機器類，床清掃後に乾燥を促進させる換気設備の充実が必要になる。これについては，後述する。

1.3.4　建築計画

1.3.4.1　外構計画

　前節 1.2 で述べたような，色々な外乱を緩和するための方策を，外構，外部仕上げに適用することが，食品工場としての適切な建築計画につながる。前節で述べなかったこと以外に留意すべき事項は，

　① 排水処理施設は，工場本棟建屋から隔離して設けること
　② 井戸は排水処理施設から 20m 以上離すこと

の2点が挙げられる。

1.3.4.2　外装計画

　外壁材料・屋根材料については，先に 1.2.4 で述べたようなところに留意するとして，その他気をつけるべきは建具である。

　製造室内に引き違いの窓が設けられていることがあるが，もってのほかと言ってよい。

　外装である外壁・屋根・外部建具は，外部侵入を防止する観点から選択される必要があり，その意味では，隙間の多い引き違い窓は選択肢にならない。

　食品工場では，事務・厚生エリアのみが採光のための窓が必要であって，製造エリア内は全く必要がなく，無窓とするのが正しい。自然排煙窓を設ける場合もあるが，これも屋外と室内の温度差で窓枠に結露を生じる場合があり，出来るだけ避けることをお奨めする。どうしても自然排煙窓を設ける場合は，少なくとも室内の明かりが屋外に漏れて，昆虫などを呼び寄せることがないよう，窓障子は光を透過せず断熱効果のある材料を用いるのがよい。

　入荷・出荷で用いる建具は，食品工場の場合，概ねドックシェルターとオーバースライダーを組み合わせて使用する。その例を**図 1.11** に示す。

　ドックシェルターとは，入荷・出荷の前室の開口部と車両の隙間を，クッション性に富んだ軟質ウレタンフォームのパッドで密閉するもので，元々は冷蔵倉庫で外気遮断のために用いられてきた。外気遮断に有効なため，それに伴う微生物や昆虫などの異物の侵入防止にも効果を発揮する。

1. 換気空調設備計画の前に考えるべきこと

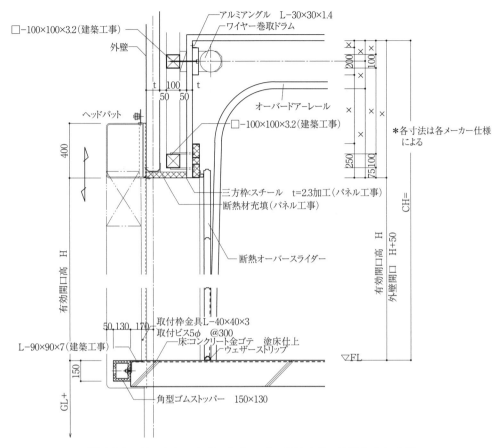

図 1.11 ドックシェルターとオーバースライダーの組み合わせ例

　オーバースライダーは，シャッターの一種だが，開ける際にシャッターのように箱内に巻き取ることがなく，入口の両脇から天井まで敷設したレールの上を，分割接続されたパネルで一気に開閉できるようになっている。一般に電動シャッターの開閉時間は30秒程かかるのに対し，オーバースライダーは10秒程度とスピーディーに開閉できるため，生産施設・物流施設に向いている。またシャッターとは異なり，巻き取らないために，本体のパネルに断熱を施すことが容易で，これも食品工場向けの要件を満たしている。

　ドックシェルターはそれぞれ車種により大きさが異なっているため，入荷車両・出荷車両の正しい把握は忘れてはならない。せっかくドックシェルターを設けても隙間が生じては何の意味もない。もう一つ気をつけておくべきはパワーゲート車（**図 1.12**）への対応である。

　パワーゲート車とは，車両後部にテーブル上の昇降装置を設けた車両のことで，テールリフト車とも呼ばれる。これは荷台の荷物をこのテーブルに載せ，上下させることで荷役するもので，大型トラックから小型トラックに数多く採用されている。スーパーの入荷口を観察すると，地面に荷卸している際に使用しているのが見受けられる。

図 1.12 パワーゲート車（車両後部）

このパワーゲートは，そのゲート板を走行中や非使用時は荷台床面に対して垂直に固定しているが，荷卸する際には，トラックの荷台より外に出っ張ってしまうため，ドックシェルターを設けていても，ゲート板をドックシェルター下に収納できるように建物床下を空けた構造にしておく必要がある。これを行わなかった場合は，トラックの荷台とドックシェルターがただの開口部と化し，意味のないものになる。

最近ではゲート板をトラックのボディ下に収納できるようになっているものや，折り畳んでボディよりはみ出ないようになっているトラックもある。

1.3.4.3 内装計画

高度な換気空調設備を有しても，**図 1.7** に示したように，床・壁・天井，また人体衣服や生産設備そのものなどから微生物を放出されては，望むべき清浄度は得られない。内装計画には，1.3 の冒頭で述べたような下記の要素を反映する必要がある。

① 内部増殖防止　　…増やさない
② 除去，殺菌　　　…殺す

従来の食品工場と衛生的な食品工場の例を**図 1.13** に示す。

動力盤は間仕切り内に極力隠蔽し，照明器具は天井直付けとし，配管・配線・ダクトなどは天井内に隠し，室内に埃が堆積しないようにする。

排煙窓の額縁下部や止むを得ず露出した動力盤などの上部は，45 度程度の傾斜を持たせ，床面と間仕切り面の境目のコーナーは R 付きとする。床には勾配も設け，水はけを考慮する。

このような配慮を行うことで，汚染溜まりが少なくなり，清掃性も向上するため，前述の「増やさない」，「殺す」に貢献できることになる。**図 1.14** に，床と間仕切りの納まりの実際の内装例を示した。

ドライ床の場合，床と間仕切り間の巾木は，アルミもしくは SUS の R 巾木を用いる。これに

1. 換気空調設備計画の前に考えるべきこと

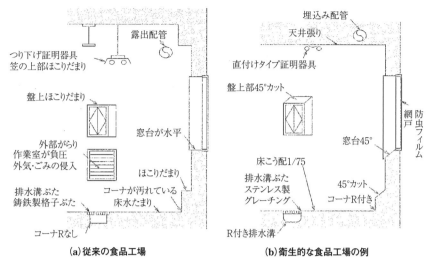

図 1.13 食品工場の建築仕様例

出典：空気調和・衛生工学会：「空気調和・衛生工学便覧」, 6巻第12版, p368-380, 空気調和・衛生工学会, 東京 (2001)

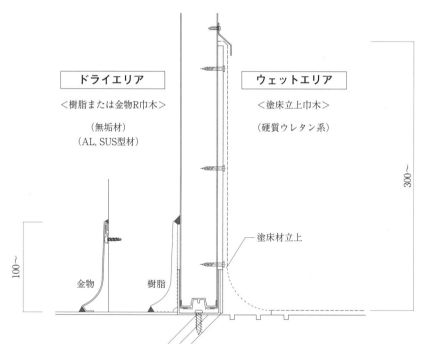

図 1.14 床と間仕切りの納まりの実際

より，入隅に埃や残渣の蓄積がなくなり，清掃が容易になる。図の間仕切り面に貼付けてある棒状のものは，防舷材である。これは元々港湾の岸壁の保護に用いているものだが，食品工場のような台車での搬送時の間仕切りの保護に応用されることも多い。ポリエチレン製の合成木材でできており，削れることはあっても欠けることがないため，異物混入対策の必要な食品工場に向い

ている。実際に使われることが多い防舷材の断面を**図1.15**に示す。

ウエットになっている床と間仕切り間は，ドライ床と間仕切り間に用いたようなアルミやSUSのR巾木は用いてはならない。

アルミやSUSのR巾木は，床の最終取合がシールになる。このシールは清掃面になり，経年劣化も進みやすく，特にウエット床であった場合は，R巾木の下を水がくぐり，さらに残渣の蓄積が進むと昆虫の格好の内部繁殖場所となってしまう。

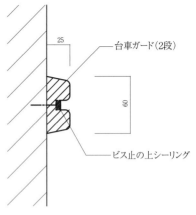

図1.15 防舷材の断面

ウエット床と間仕切り間の巾木は，**図1.14**に示したように，塗床材の塗上げ巾木とし，水の入り込む隙間を無くさなければならない。また，腰壁については，調理中に水を使用したりする室については，床面から1m程度のSUS腰板を設けて，内装本体に直接水がかかったりしない配慮をするのがよい。

図1.16は間仕切りと動力盤，消火器と消火栓の納まりの例である。

図1.16の写真の上左側は動力盤の納まりの例である。動力盤は盤扉を逆印籠状にすることで，盤面が平滑となり，間仕切り面と盤面を平滑にすることが可能になる。これにより通路の障害にならないことと盤上部の埃溜まりを防止することができる。上右側の写真は冷蔵庫制御ボックスの例である。冷蔵庫制御ボックスは盤扉の構造が被せ式になっており，盤を天井面にくっ付けて設置すると，扉を空けられなくなってしまう。仕方がないので，盤扉の被らないところを天井まで塞ぐことで埃溜まりを少なくしている。冷蔵庫制御ボックスの盤扉の構造を改善してもらいたいと思っているのは，筆者だけではないだろう。

下の2つの写真は，消火器と消火栓の納まりである。いずれも間仕切りに平滑に納めることで通路の障害を防止している。消火器・消火栓とも，その深さは間仕切りよりも深く，反対側には出っ張ることになるので，平面プラン上差し支えが無い位置を予め考慮していないとこのようなことは出来ない。

また，食品工場で最もウエットになりやすいのは，回転釜やケトル周囲である。洗浄時の排水を床に拡げてしまわないような排水桝と側溝を釜サイズに合わせて設けることで，キーピング・ドライを行いやすくしてある。

生産設備機器と排水設備・床との納まりを**図1.17**に示す。

次に内装材料について述べる。

1. 換気空調設備計画の前に考えるべきこと

a) 間仕切りと動力盤

b) 消化器と消火栓

図 1.16　間仕切りと動力盤，消化器と消火栓の納まり例

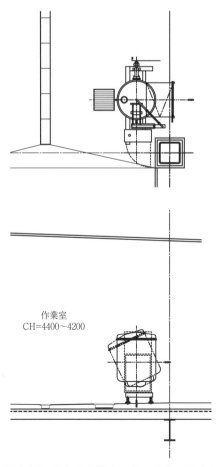

作業室
CH=4400〜4200

図 1.17　回転釜と排水設備・床との納まり

食品工場の床表面は作業の都合上，水分や残渣，油脂などが常に存在する状態にある。このため，作業者の転倒や細菌・真菌類の増殖が起こりやすくなっている。また高温になる加熱調理機器の底面・周囲などは特に劣化が促進されるため，使用環境に見合った材料を選定する必要がある。表 1.8 に塗床別特性一覧を示す。表 1.8 に示した塗床の特性を踏まえ，各室へ適用した例を表 1.9 に示す。

表 1.8 塗床別特性一覧

塗床の種類	耐薬品性	耐久性 *1	耐熱水性	耐寒性	防塵性	低臭性 *2	防滑性 *3	備 考（特性等）
無機質系塗床 トップコート仕上	△	◎		◎	◎	◎	平	・コンクリートと一体化するため耐久性は一番高い。 ・仕上の綺麗さでは樹脂系塗床材に比べ少し劣るがコストの面で優れている。 ・耐寒性も優れている。
エポキシ系塗床 ペースト工法	◎	○			◎	○	両	・耐薬品性に優れており，仕上りが綺麗。 ・台車が頻繁に走行しても問題がない耐久性がある。
エポキシ系塗床 コーティング工法	◎	△			◎	○	平	・耐薬品性に優れており，仕上りが綺麗。 ・樹脂系塗床材の中ではコスト面で優れている。
耐寒性エポキシ系塗床 モルタル工法	○	◎		◎	◎	○	防	・冷凍庫・冷蔵庫専用塗床材。 ・台車が頻繁に走行しても問題ない耐久性がある。
ウレタン系 平滑工法	◎	◎			◎	◎	平	・フォークリフトが走行しても問題ない程の耐久性がある。 ・頻繁な床の水洗いにも耐えられる。
ウレタン系 防滑工法	◎	◎	◎		△	◎	防	・熱水を流しても問題がない程の耐熱性がある。 ・フォークリフトが走行しても問題ない程の耐久性がある。 ・耐薬品性に優れている。補修にも適している。
MMA樹脂系塗床 ペースト工法	◎	○	○	◎	◎	△	両	・耐熱水性があり，かつ耐寒性も併せ持つ。 ・頻繁な床の水洗いにも耐えられる。 ・臭いがあるため，食品工場には不向き。
水性アクリル系塗床	○	◎			◎	○	両	・防塵性があり，コスト面で優れている。 ・引火の心配もない。

＊1…耐久性の基準については，◎…フォークリフト走行に対応，○…頻繁な台車走行に対応，△…人の歩行および一時的な台車走行に対応，いずれも…鉄車輪は不可
＊2…低臭性の基準については，◎…無臭性，○…低臭性（施工時に微臭がするが，硬化後は無臭）
＊3…防滑性の基準については，平…平滑，防…防滑，両…どちらも可

1. 換気空調設備計画の前に考えるべきこと　125

表 1.9　各室への塗床適用例

室　名	選定塗床材	表面処理	備　考
入荷室 資材倉庫 （ゴミ庫）	無機質系塗床 トップコート仕上	平滑	・耐久性が要求され、床の水洗いは基本的に行わない条件からコスト面を考慮し、無機質系塗床を推奨
冷蔵庫	耐寒性エポキシ系塗床 モルタル工法	平滑	・クラックが発生した場合の補修等見栄えを考慮し、耐寒性に比較的優れている冷凍・冷蔵専用のエポキシ系塗床を推奨
作業通路 製品倉庫 工場事務室	エポキシ系塗床 ペースト工法	平滑	・台車等の走行が頻繁で、床の水洗いは基本的に行わない使用条件からエポキシ系塗床の中でも耐久性のあるペースト工法を推奨 ・エポキシ系塗床は仕上りが綺麗で補修も比較的容易。また、衛生面に配慮し表面処理は平滑
調理室 洗浄室 下処理室	ウレタン系塗床 防滑工法	防滑	・床に熱水を流すといった使用条件から耐熱水性を持ったウレタン系防滑工法を推奨 ・ウレタン系塗床防滑工法は、優れた耐熱性と耐薬品性を持ち、さらに耐久性もある。また、無臭で補修にも非常に適している
仕上室 包装室 （ゴミ庫）	ウレタン系塗床 平滑工法	平滑	・製品の運搬に伴う台車等が頻繁に走行することを考慮し、また長期の使用にも充分耐えることができるウレタン系塗床を推奨 ・ただし、衛生面を考慮し表面仕上は平滑
機械室 工務室	水性アクリル系塗床	平滑	・防塵性があり、かつコスト面で優れている水性アクリル系塗床を推奨

　最近は塗床材料も進化しており、水溶性で臭いのないものも市販されていて、今までのような補修時の念入りな臭気対策も必要なくなってきた。また、ドライ化の進展から厨房用の長尺塩ビシートも上市され、クッション性の良さから、作業員の足腰に優しい床を施工できるようになってきた。

　続いて壁・天井の材料だが、ここは断熱パネルで行うのが一般化している。

　断熱パネルを壁・天井に用いると、

① 隙間がなく、断熱効果が大きい

② 室内を水洗浄できる

③ 洗浄できるので、室内の菌数が減る

という効果は知られているが、本当に衛生的に効果があるのかを測定した。図 1.18 に壁・天井をモルタル壁・ボード天井と断熱パネルで行った場合の落下細菌数の比較データを示す。

　図 1.18 によると、壁・天井にパネルを導入すると、モルタル壁・ボード天井に比して、落下菌は、1/6 にまで減じており、これだけでも相当効果があることがわかる。また、モルタル壁・ボード天井では、洗浄後から作業開始までで落下菌数が増加しており、壁・天井から菌が拡散していることがわかる。

　断熱パネルの場合はこの傾向がないことから、細菌・真菌類の増殖防止に寄与できると考えられる。加えて、断熱パネルの場合は天井内をそのまま歩行しても何ら差し支えないので、メンテナンス性が著しく向上するのもメリットと言える。

　次に排水設備だが、従来の食品工場では長い鋼製グレーチング蓋のコンクリート塗床仕上げの

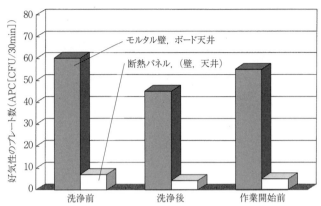

図1.18 洗浄前後と作業開始前の落下細菌数（一般菌数：SPC）
出典：米虫節夫，他：食品衛生7S入門Q&A，日刊工業新聞社

側溝が用いられてきた。これは長さも材質もキーピング・ドライを妨げることになるため，側溝自体はSUS製の底部R付きで，蓋はSUSもしくはアルミ製とし，取り外しやすくすべきである。側溝自体も室全体を網羅する必要などなく，あくまで排水が生じるエリアに限定して清掃の手間を減らすことも必要である。

ウエットになりやすい室の出口，冷凍庫・冷蔵庫の出口は，床が結露しやすいので，水切りのための細い側溝を設けると清掃が容易になる。

排水桝については，器具メーカーからHACCP仕様なる如何にもどこかのお墨付きを頂戴したようなものが市販されているが，これはあくまで排水が底面に溜まりにくいことを狙っているだけで，認証されているわけではない。排水枡の深さは，あまり深いと，座った状態で底に手が届かないために，清掃が億劫になるので要注意である。

2. 作業エリア別室内条件とその理由

換気空調計画を行う前に決めておくべきことは色々あるが，その中でも関連が深いのは有効天井高と温熱環境条件である。

2.1 室内有効天井高さ

食品工場内の有効天井高さは，一般の事務所などの居室とは環境が異なり，高温多湿であったり，低温であったりするため，それぞれの室使用状況を考慮して決定することになる。有効天井高さは法令でも決められており，それは**表2.1**のとおりである。

アメリカ，ドイツの基準も併記してみたが，日本人は欧米人と比べて小柄なせいか，日本は法令上の最低有効天井高さは外国と比べて低い傾向にある。食品工場にそのままこの基準を適用す

表2.1 法令による有効天井高さ一覧

法令		有効天井高さ：CH（m）			
		≤50m²	50～100m²	100～200m²	≥200m²
日本	建築基準法	2.1～			
	食品衛生法	2.4～			
	学校給食衛生管理基準	規定なし			
アメリカ	全米公衆衛生協会基準	2.75～			
ドイツ	ドイツ職業別同業者保険組合連合会基準	2.5～	2.75～	3.0～	3.25～

るのは適切ではなく，室内の使用条件を加味して，**表2.2**の数値を推奨する。

特に加熱調理を行う室は，熱機器の直上部に排気フードがあったとしても，人間の顔付近より上は高温になりやすく，有効天井高さは最低でも3.5mは確保したいところである。

表2.2 有効天井高さ推奨値

室特性		有効天井高さ（m）
加熱調理		3.5～4.5
中温帯	ソックフィルタ空調	3.5
	他	3.0程度
その他		3.0程度

また，ソックフィルタを用いて空調する盛付包装室などは，室面積が大きいことおよびソックフィルタ自体に圧迫感があることから，ここの有効天井高さも3.5mを確保するのが望ましい。

2.2 温熱環境条件

「セントラルキッチン／カミサリー・システムの衛生規範」（1987年）では，厨房内の温湿度条件を乾球温度（D/B）25℃，相対湿度（RH）80％以下を，一つの目安にしている。他にも法令で色々な基準が定められている。**表2.3**にその比較を示す。

表2.3 温熱環境基準の比較

	法令・団体基準	対象室	室温 D/B（℃）			相対湿度（RH）	気流（m/sec）
			夏季	春季・秋季	冬季		
日本	ビル管理法	全室		17～28		40～70	0.5
	食品衛生法	全室	25			≤80	規定なし
	学校給食衛生管理基準	全室	≤25			≤80	規定なし
	食品産業センター	チルド調理パン包装室	≤15			規定なし	規定なし
	日本べんとう工業協会	チルド調理パン仕分室	≤10			規定なし	規定なし
		通常調理パン包装室	20±2			規定なし	規定なし
	日本食肉生産技術開発センター	加工作業場	≤17			規定なし	規定なし
	日本食肉加工協会	包装作業中	≤25			規定なし	規定なし
ドイツ	ドイツ職業別同業者保険組合連合会基準	全室		18～26		30～80	0.5clo*

＊ clo（クロ）とは，人が感じる暑さ寒さの温感感覚の構成要素の一つで，着衣の熱遮断性を示す単位。
D/B21℃，RH50％，気流0.1m/secの状況で，暑くも寒くもないと感じる着衣の状態をいい，成人男性が背広を着ている状態に相当する。

表2.3の環境基準では，食品工場内を一絡めにしているので実際に用いることは出来ない。また加熱調理室などの熱機器を用いる室でこのような基準を適用すると，膨大な冷熱エネルギーを必要とし，製造コストに見合わなくなる。食品工場における温熱環境の役割は，

① 労働環境の維持
② 食品の保存
③ 微生物の抑制
④ 乾燥と非乾燥
⑤ 保湿と吸湿
⑥ 結露の防止

にあり，各室で各々要求される温熱条件が異なってくる。表2.4にその推奨値を示す。

表2.4 温熱条件推奨値（中食工場の例）

室名称	乾球温度	相対湿度
原材料倉庫（常温）	D/B17～28℃	成行
原材料倉庫（冷凍庫）	D/B-25～-18℃	成行
原材料倉庫（冷蔵庫）	D/B3～5℃	成行
下処理室	D/B10～18℃	成行
野菜洗浄室	D/B10～18℃	成行
加熱調理室	作業員位置 D/B25℃目標	成行
盛付包装室	D/B10～18℃	成行
仕分室（常温）	D/B17～28℃	成行
仕分室（チルド庫）	D/B10～18℃	成行

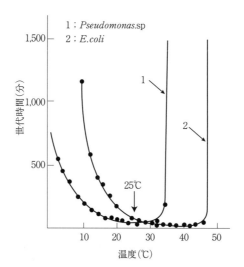

図2.1 細菌の世代時間に対する温度の影響
出典：芝崎勲：改訂新版　新食品殺菌工学, p6, 光琳 (1998)

近年，盛付包装室に代表される加熱調理後の仕上げの室は低温化が進んでおり，数年前まではD/B18℃程度が望まれていたが，最近では12～15℃を要求されることが多い。これは細菌の世代時間（1つの細胞が2つに分裂する時間）が，低温側では15℃を下回ると急に長くなることと合致している（**図2.1**）。

2.3 照度条件

照度条件は，JISで規定されている他，「弁当及びそうざいの衛生規範」（1979年）でも規定されている。「ドイツ職業別同業者保険組合連合会」の基準との比較を**表2.5**に示す。

表2.5 日本ドイツの照度基準比較と推奨値

エリア		日本		ドイツ	日本
		弁当及びそうざいの衛生規範	JISZ9110：照明基準総則	ドイツ職業別同業者保険組合連合会基準	推奨値
製造エリア	検収，秤量エリア	300 lx ≧	200～500 lx	500 lx	500 lx ≧
	下処理，加工エリア	150 lx ≧	200～500 lx	500 lx	500 lx ≧
	厨房作業室	100 lx ≧	200～500 lx	500 lx	500 lx ≧
	調理，包装エリア	150 lx ≧	200～500 lx	500 lx	750 lx ≧
	倉庫・冷凍冷蔵室	50 lx ≧	200～500 lx	100 lx	100 lx ≧
	食器洗浄エリア	150 lx ≧	200～500 lx	500 lx	500 lx ≧
その他	事務エリア	－	200～500 lx	500 lx	500 lx ≧
	階段	－	30～75 lx	100 lx	100 lx ≧
	通路・倉庫，附室	－	30～75 lx	50 lx	100 lx ≧

これによると，日本の基準はドイツと比較して著しく低い照度となっており，とても異物混入を防げるような照度になっていないと見なせる。特に日本人は異物に敏感であり，最終製品を目視する盛付包装室は高照度にするのが望ましい。

3. 作業エリア別換気空調計画のポイント

食品工場の換気空調設備計画は，HACCPに対応する施設とするために重要な事項であり，乾球温度，相対湿度，気流，粉塵などに配慮して，外部からの侵入防止（入れない），内部増殖防止（増やさない）の2つを考慮に入れなければならない。

また換気空調設備としての基本機能は，
① 各作業内容の条件に応じて温湿度，気流の維持
② 低価格で多品種の製品を供給できるためのイニシャル・ランニング両コストをセーブして

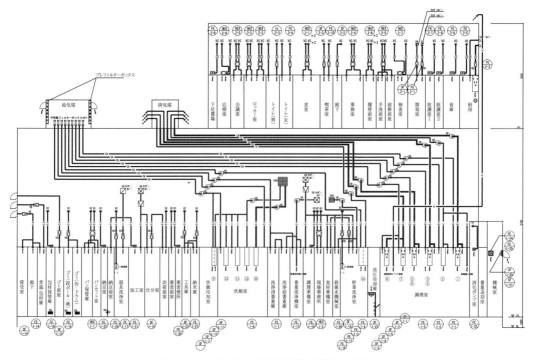

図 3.1 中食工場の換気空調設備概要系統図

の稼働

③ 非稼働日の極めて少ない操業に対応できる高メンテナンス

が挙げられる。

図 3.1 に，中食工場の換気空調設備概要系統図を示す。以降に，それぞれの区域別・室別に要求条件と計画のポイントを冷凍冷蔵設備も含めて列挙する。

3.1 汚染作業区域

汚染作業区域は，入荷側では，入荷前室，原材料倉庫（含む，冷凍庫・冷蔵庫），下処理室（含む，野菜洗浄室），下処理済冷蔵庫（含む，処理済野菜冷蔵庫），ゴミ庫（含む，生ゴミ庫，紙ゴミ庫，缶・瓶ゴミ庫）が，出荷側では，包材倉庫，製品保管庫（含む，冷蔵庫），出荷前室がそれにあたる。

3.1.1 入荷前室

1) 要求条件

	居室	乾球温度	相対湿度	気流	室圧	外気取入	外気除塵	外気温調
入荷前室	×	D/B17〜28℃	成行	成行	＋	1回/hr	粗塵フィルタ	無し

2) 計画のポイント

・在庫を工場内にあまり持たない傾向にあるため，入荷頻度は高く，ドックシェルター・オーバースライダーあり，かつ陽圧にしているものの，外気侵入負荷は考慮必要。

- 第一種換気で陽圧化が望ましいが，難しい場合は第二種換気を行うこと。第三種換気はしてはならない。
- 換気回数は1回/hr程度とすること。常時作業員が居るわけではないので，作業員用の換気は必要ない。居室でないからといって，換気回数を絞りすぎると，入荷品の臭気で息苦しく感じることがある。
- 外気導入には粗塵を除塵できるラフフィルタ（粉塵補修効率：重量法70〜90%）を設けること。
- 省エネルギーのため，別室の排気を入荷前室の給気に用いることも考えられるが，食品の暴露している室からの排気は，食品の臭気を運ぶため，入荷時に外部に臭気が出やすいので，行わないこと。
- 入荷品が一時滞留する室のため，シビアな温度管理は必要ない。したがって外気温調は必要ない。
- 入荷品が冷凍もしくは冷蔵品に限られる場合は，室温を10℃以下にすること。この場合，換気は必要ない。
- 空調機はパッケージエアコンとし，室内機は天吊型もしくは床置型がよい。入荷前室では原材料を段ボールのままハンドリングするため，内部での砂塵・紙塵発生が多い。したがって室内機の循環プレフィルタは清掃しやすいものが望ましい。
- 室温を冷蔵にする場合は，空冷コンデンシングユニットと天吊ユニットクーラーの組み合わせでよい。入荷時以外はほとんど負荷がなく，霜（フロスト）の付着が少ないため，除霜（デフロスト）はオフサイクル方式でよい。

3.1.2 原材料倉庫（含む，冷凍庫・冷蔵庫）

1) 要求条件

	居室	乾球温度	相対湿度	気流	室圧	外気取入	外気除塵	外気温調
原材料倉庫（常温）	×	D/B17〜28℃	成行	成行	±	1回/hr	粗塵フィルタ	無し
原材料倉庫（冷凍庫）	×	D/B-25〜-18℃	成行	成行	±	なし	-	-
原材料倉庫（冷蔵庫）	×	D/B3〜5℃	成行	成行	±	なし	-	-

2) 計画のポイント

原材料倉庫（常温）

- 常温の原材料倉庫は入荷前室と同温度条件のため，扉開閉による負荷は見込む必要はない。
- 入荷前室と下処理室の空気が入り込まないように第一種換気とすること。
- 換気回数は1回/hr程度とすること。倉庫のため，作業員用の換気は必要ない。
- 外気導入には粗塵を除塵できるラフフィルタ（粉塵補修効率：重量法70〜90%）を設けること。
- 常温原材料が在庫される庫であり，シビアな温度管理は必要ない。したがって，外気温調は必要ない。

・空調機はパッケージエアコンとし，室内機は天吊型もしくは床置型がよい。原材料倉庫は段ボールのまま保管されていると，下処理室への出庫時点で段ボールを開梱するため，内部での紙塵発生が多い。したがって室内機の循環プレフィルタは清掃しやすいものが望ましい。

原材料倉庫（冷凍庫）

・入出庫は必ず原材料倉庫（冷蔵庫）を経由し，入荷前室や通路などの常温空気が侵入しないようにすること。これはデフロスト回数に大きく関わる。

・冷凍ユニットは空冷コンデンシングユニットと天吊ユニットクーラーの組み合わせでよいが，冷凍保管時の水分蒸散が気になる場合は，横吹き出しの低風量型ユニットクーラーか，ソックフィルタを天吊ユニットクーラーに取り付けて用いてもよい。図 3.2 に示す。

図 3.2　ソックフィルタを天吊ユニットクーラーに取り付けた例

・通常のユニットクーラーを用いる場合は，入出庫扉と逆側に設置し，冷蔵空気によるフロストを防止すること。逆に扉上部についていることも実際の現場で数多く見受けられるが，庫内空気ではない冷蔵側空気を吸い込むことによる庫内温度の不安定化とデフロストの多頻度化を招いている。

・扉部および扉下床にはヒーターを埋め込み，凍結を防止すること。この負荷は冷凍負荷に含まれる。

・扉部の下部床は庫内同士の温度差が大きく，床・塗床の伸縮が異なるために，クラックが発生しやすい。これを予め考慮するために図 3.3 の処置を行うとよい。

・全てが凍結済品でない場合がまれにある。この場合は凍結負荷を冷凍ユニットの能力に加算する必要があり，24 時間で庫内温度が収束するものとして負荷計算し，それを冷凍能力に加算すること。

・デフロストの方式は，ヒーターデフロストもしくはホットガスバイパスデフロストとし，確実な除霜を行うこと。

原材料倉庫（冷蔵庫）

・入荷前室および下処理室から常温空気が侵入するため，その負荷を見込むこと。

3. 作業エリア別換気空調計画のポイント　　　　　133

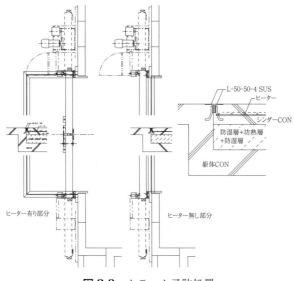

図 3.3　クラック予防処置

・入庫頻度・出庫頻度が高い場合は，庫内へ常温の空気が侵入するため，ビニルのれんを設けることも効果的である。
・冷蔵ユニットは，空冷コンデンシングユニットと天吊ユニットクーラーの組み合わせでよい。
・ユニットクーラーは，入出庫と逆側に設置し，常温空気によりフロストを防止すること。これは冷凍庫と同様である。
・庫内は常温室からの入出庫になるため，用いられる台車のキャスターは結露しやすく，冷蔵庫内も床に結露し汚れやすい。清掃を容易にするため，扉直近外部に開口分の側溝も設けると掃除しやすい。
・冷蔵品でない入庫物もまれにある。この場合も冷凍庫と同様に冷蔵能力に加算すること。
・デフロストは，庫内温度3℃以上であればオフサイクルデフロスト方式でよいが，入出庫頻度が高い場合はフロスト量が多くなるため，場合によってはヒーターデフロストもしくはホットガスバイパスデフロスト方式を採用してもよい。ただし，その分イニシャルもランニングコストも増加するので注意が必要である。

3.1.3　下処理室（含む，野菜洗浄室）

1)　要求条件

	居室	乾球温度	相対湿度	気流	室圧	外気取入	外気除塵	外気温調
下処理室	○	D/B10～18℃	成行	0.5m/sec 未満	±	1回/hr	中性能フィルタ	有り
野菜洗浄室	○	D/B10～18℃	成行	0.5m/sec 未満	±	2回/hr	中性能フィルタ	有り

2)　計画のポイント

下処理室

- 加熱前であり，汚染作業区域のため，加熱調理室への空気侵入が起こらないよう，かつ食材が暴露していない原材料倉庫（含む，冷蔵庫）への空気侵入も生じないよう，第一種換気でバランスさせること。
- 換気回数は1回/hr程度でよい。常時作業員が居り，居室にはなるが要員数は少なく，前述の換気回数程度で新鮮外気取入れは十分である。
- 外気導入にはラフフィルタ（粉塵補修効率：重量法70～90%）を設けた上で，中性能フィルタ（粉塵捕集効率：計数法 $0.4\mu m$ 40～70%）も設けること。
- 食材内の微生物増殖が起きにくい中温帯とすること。
- 中温帯室であり，外気温調を必要とする。下処理室は大空間ではないので気積（室床面積×高さ）が小さく，外気温調をしない場合は，室内の温度ムラを助長する。また夏季には，室温と外気温との差により吹出口に結露を生じやすい。冬季は外気が氷点下近くで導入されることにもなるため，そのまま室内に導入すると霧が発生する場合もあり，外気取入量を減らすか，外気の加温を必要とする場合がある。寒冷地では要注意である。
- 食材・調味料（液体・粉体）が何れも暴露している場合は，空気中にも飛散しており，空調機の腐食を促進しやすい。腐食対策機の導入も検討に値する。
- 空調機はパッケージエアコンもしくは空冷コンデンシングユニットと天吊ユニットクーラーのどちらかを採用すればよい。冬季に室温が低くなりすぎて作業性が悪くなるため，D/B10℃まで室温を上げたい場合はパッケージエアコンを採用するとよい。

野菜洗浄室

- 前後に冷蔵庫に挟まれて配置されることが多いため，冷蔵庫への空気侵入が起きないよう，第一種換気でバランスさせること。
- 換気回数は2回/hr程度とすること。次亜塩素酸ナトリウムもしくはそれに準じた酸性の機能水による殺菌が行われるため，室内雰囲気は常に腐食環境にある。内装・設備機器へのダメージも大きいが，人体への影響も相当ある。
- 外気導入にはラフフィルタ（粉塵補修効率：重量法70～90%）を設けた上で，中性能フィルタ（粉塵捕集効率：計数法 $0.4\mu m$ 40～70%）も設けること。
- 食材内の微生物増殖が起きにくい中温帯とすること。
- 中温帯であり，外気温調を必要とする。それを行わない場合の障害は下処理室と同様であるが，野菜洗浄室の場合，1℃の洗浄水を用いる場合もあり，冬季での低室温状態を問題視しないため，通常は夏季の外気冷却のみを行う。
- 空調機はパッケージエアコンもしくは空冷コンデンシングユニットと天吊ユニットクーラーのどちらかを採用すればよいが，腐食への対応を考慮して，腐食対策を行った後者の採用が好ましい。

3.1.4 下処理済冷蔵庫 (含む，処理済野菜冷蔵庫)

1) 要求条件

	居室	乾球温度	相対湿度	気流	室圧	外気取入	外気除塵	外気温調
下処理済冷蔵庫	×	D/B3～5℃	成行	0.5m/sec 未満	±	なし	-	-
処理済野菜冷蔵庫	×	D/B3～5℃	成行	0.5m/sec 未満	±	なし	-	-

2) 計画のポイント

下処理済冷蔵庫

・下処理室および加熱調理室から中温および常温温度以上の空気が侵入するため，その負荷を見込むこと。

・ビニルのれんによる空気侵入は効果があるが，ビニルのれんの洗浄・殺菌が滞っていると汚染の拡大に繋がるため，避けた方がよい。

・冷蔵ユニットは空冷コンデンシングユニットと天吊ユニットクーラーの組み合わせでよい。

・ユニットクーラーは，出庫方向に向けて設置すること。

・入庫物は概ねバット内にビニルを被せられた状態になっているが，空気中には腐食性粒子が飛散しており，下処理室同様の腐食対策機の導入が望ましい。

・庫内は温度の異なる2室からの台車が行き来するため，床に結露が生じやすい。このため，原材料冷蔵庫と同様に扉直近外側に開口分の側溝を設けると清掃しやすい。

・入庫物は冷蔵品に常温品を加えたものもあり，仕掛品をよく確認した上で，必要あれば冷蔵負荷に加算すること。

・デフロストは，庫内温度3℃以上のため，通常はオフサイクル方式を選択するが，下処理済冷蔵庫は必要最小限の仕掛品を置く小さな冷蔵庫になるため，デフロストを確実に行い，庫内温度を安定させたいため，ヒーターデフロストかホットガスバイパスデフロスト方式の採用が好ましい。

処理済野菜冷蔵庫

・野菜洗浄室・下流側の調理室（必ずしも加熱調理室ではない）からの中温および常温温度以上の空気が侵入するため，その負荷を見込むこと。

・下処理済冷蔵庫と同様，扉部へのビニルのれんの採用は好ましくない。

・冷蔵ユニットは空冷コンデンシングユニットと天吊ユニットクーラーの組み合わせでよい。

・ユニットクーラーは，出庫方向に向けて設置すること。

・入庫物は庫内より品温が低いため，冷蔵負荷加算は不要である。

・入庫物は次亜塩素酸ナトリウムかそれに準ずる酸性水で洗浄されていたため，塩素を発している状態にある。したがって，下処理室同様の腐食対策機の導入が望ましい。

・庫内はウエットになりやすい野菜洗浄室との台車の行き来になるため，下処理済冷蔵庫と同様の扉直近外側に開口分の側溝を設けると清掃しやすい。

・デフロストは，下処理済冷蔵庫と同様の考え方を採用したい。

3.1.5 ゴミ庫 (含む，生ゴミ庫，紙ゴミ庫，缶・瓶ゴミ庫)

1) 要求条件

	居室	乾球温度	相対湿度	気流	室圧	外気取入	外気除塵	外気温調
生ゴミ庫	×	D/B～10℃	成行	成行	±	なし	―	―
紙ゴミ庫	×	成行	成行	成行	―	1回/hr	防虫網	無し
缶・ビンゴミ庫	×	成行	成行	成行	―	1回/hr	防虫網	無し

2) 計画のポイント

生ゴミ庫

・入庫物の物量を正しく把握することは難しく，生産量の近い類似工場と同様の庫内面積とすることが多いため，既存工場があればその面積から必要面積を導きだすこと。

・換気は必要ない。

・庫内は低温菌の増殖も相当抑えられるD/B10℃以下とすること。

・冷蔵ユニットは空冷コンデンシングユニットと天吊ユニットクーラーの組み合わせでよい。

・ユニットクーラーは出庫側に向けて設置すること。

・生ゴミ庫は製造室および内部の仕掛品を運ぶ通路に直接面しないように，前室を設け，臭気が製造エリアに入り込まないように配慮すること。

・入庫物は下処理室，加熱調理室，各所の冷凍庫・冷蔵庫，盛付包装室，洗浄室などあらゆる室から持ち込まれるため，前述した腐食性を伴った室からの入庫もあり，その室と同様の腐食対策機を導入するのがよい。

・庫内温度は概ねでよいため，デフロストはオフサイクルデフロスト方式でよい。

紙ゴミ庫，缶・瓶ゴミ庫

・いずれも温度管理の必要のない常温ゴミ庫でよい。

・換気は製造エリア内に庫内空気が拡がらないように，第三種換気とすること。

・換気回数は1回/hr程度でよい。外気取入ガラリには防虫網を設けること。

3.1.6 包材倉庫

1) 要求条件

	居室	乾球温度	相対湿度	気流	室圧	外気取入	外気除塵	外気温調
包材倉庫	×	D/B17～28℃	成行	成行	±	1回/hr	中性能フィルタ	無し

2) 計画のポイント

・包材を使用するのは盛付包装室である。製造工程の最終工程になることから，包材が出荷側から入荷してくることがある。その場合，出荷前室を入荷使用することになる場合があるが，入

荷前室と温度条件が同じため，扉開閉による負荷は見込まなくてよい．
・換気回数は 1 回 /hr 程度でよい．入荷包材の開梱作業もあるが，常時ある作業ではないので，作業員用の換気は必要ない．
・入荷時の包材の外装を剥がして，盛付包装室へ持ち込む準備作業を行うため，外気導入にはラフフィルタ（粉塵補修効率：重量法 70 ～ 90%）を設けた上で，中性能フィルタ（粉塵捕集効率：計数法 0.4μm 40 ～ 70%）も設けること．
・入庫物は常温のトラックで入荷してくるため，その負荷は空調負荷に加算すること．
・空調機はパッケージエアコンとし，室内機は天吊型もしくは床置型がよい．包材はそのまま盛付包装室で使用するため，入荷時の段ボールは入荷時に開梱し，紙塵の発生を抑えるのがよい．

3.1.7　製品保管庫（含む，冷蔵庫）

1) 要求条件

	居室	乾球温度	相対湿度	気流	室圧	外気取入	外気除塵	外気温調
製品保管庫（常温）	×	D/B17 ～ 28℃	成行	成行	±	1 回 /hr	粗塵フィルタ	有り
製品保管庫（冷蔵庫）	×	D/B3 ～ 5℃	成行	成行	±	なし	-	-

2) 計画のポイント

製品保管庫（常温）

・製品仕分室と出荷前室との行き来が発生するが，隣室の温度の方が低温度のため，扉開閉による負荷は見込まなくてよい．
・出荷前室の空気が入り込まないように第一種換気とすること．
・換気回数は 1 回 /hr 程度でよい．製品は既に包装済であるため，臭気は生じにくい．
・外気導入には粗塵フィルターを設ける程度でよい．包装工程は上流 2 室目にあり，製品保管庫の空気がそこに及ぼす影響は少ない．
・温度維持にシビアな室であるため，外気温調を必要とする．外気温調をしない場合，室内の温度ムラを助長する．また夏季には，室温と外気温との差により吹出口に結露を生じやすい．冬季は外気が氷点下近くで導入されることにもなるため，そのまま室内に導入すると霧が発生する場合もあり，寒冷地では外気加温を必要とする場合がある．
・空調機はパッケージエアコンとし，室内機は天吊型がよい．製品仕分後には製品保管庫は満杯状態になるので，通風を考えると床置型は適当でない．

製品保管庫（冷蔵庫）

・中食の工場では，これまで惣菜パン以外は常温での流通であったが，最近チルド弁当なるものが上市され，それに対応して製品弁当の冷蔵保管も必要になってきた．
・チルド用の仕分室と出荷前室との行き来が発生する．出荷前室は一般温度帯のため，扉開閉による負荷は加算が必要である．

- 出荷前室への扉は開閉頻度も多いため，ビニルのれんによる空気侵入防止も効果的である。
- 冷蔵ユニットは空冷コンデンシングユニットと天吊ユニットクーラーの組み合わせでよい。ただし，系統は分割し，冷蔵ユニットが故障した際も全停止しないよう配慮を行うこと。場合によっては100％能力の系統を複数設置することも検討すること。
- デフロストはオフサイクル方式でよい。複数系統を同時にデフロストしないように設定しておくこと。製品は暴露しておらず，水分は作業員分の呼気のみになるため，デフロスト間隔も長くてよい。

3.1.8 出荷前室

1) 要求条件

	居室	乾球温度	相対湿度	気流	室圧	外気取入	外気除塵	外気温調
出荷前室	×	D/B17～28℃	成行	成行	＋	1回/hr	粗塵フィルタ	無し

2) 計画のポイント

- 出荷はある時間帯に集中する。したがってドックシェルター・オーバースライダーの開閉頻度が多くなり，外気侵入負荷の考慮が必要である。
- 外乱を防ぐために第一種換気で陽圧化すること。第三種換気は行ってはならない。
- 換気回数は1回/hr程度のよどみを生じない位でよい。この室は出荷が行われる時間帯しか作業員は居ないので，作業員用の換気は必要ない。
- 外気導入には粗塵フィルタも設け，この室から他室は外部の塵埃が拡がっていかないように配慮すること。
- 別室の排気を出荷前室の給気に用いるのは，省エネルギー上は効果がある。ただし，食品が暴露していない室の排気に限ること（仕分室の排気利用は可）。
- 出荷品が一時滞留する室のため，シビアな温度管理は必要ない。したがって外気温調は必要ない。
- 出荷品が冷蔵品に限られる場合は，室温を製品保管庫（冷蔵庫）と同温度とすること。この場合換気は必要ない
- 空調機はパッケージエアコンとし，室内機は天吊型がよい。床置では出荷物の搬送に支障を来した場合などに破損の恐れがある。
- 室温を冷蔵にする場合は，空冷コンデンシングユニットと天吊ユニットクーラーの組み合わせでよい。出荷時以外はほとんど負荷がなく，フロストの付着が少ないため，デフロストはオフサイクル方式でよい。

3.2 準清潔作業区域

準清潔作業区域は，加熱調理室，仕分室（含む，チルド庫），内番重洗浄室がそれにあたる。

3.2.1 加熱調理室

1) 要求条件

	居室	乾球温度	相対湿度	気流	室圧	外気取入	外気除塵	外気温調
加熱調理室	○	作業員位置 D/B25℃ 目標	成行	0.5m/sec 未満	±	局所排気分	中性能フィルタ	無し

2) 計画のポイント

- 加熱調理機器が多く，室内に臭気を帯びた水蒸気や熱気が充満している。他の室，特に盛付包装室への空気侵入が起きないように第一種換気でバランスさせること。
- 加熱機器の内，作業時に水蒸気・油分を放出するものの上部には局所排気フードを設けること。この時のフード開口面の風速は，水蒸気を対象とする場合は 0.3m/sec，油分を対象とする場合は 0.5m/sec 以上とすること。
- 上述フードを二重フード化（図3.4）して，フード範囲以外への熱放出を遮断するのも効果があるが，ガス焚き機器の場合は炎が揺れ，製造に支障が生じる場合があるので，注意が必要である。
- 換気量は，局所フードの排気量の合計にガス焚機器の理論排ガス量を合計して決定する。これを加熱調理室の気積で除し，換気回数が 10 回/hr 以上であることを確認すること。
- 換気空調システムは，従来の方式以外に「置換換気システム」，「排気天井システム」があり，徐々に普及している。「置換換気システム」については，その詳細を後述する。

図3.4 二重フード

- 「排気天井システム」は，大量の水蒸気を放出する回転釜や蒸し器には不向きで，この場合，局所排気フードとの併用が必要である。
- 外気導入にはラフフィルタ（粉塵補修効率：重量法 70〜90%）を設けた上で，中性能フィルタ（粉塵捕集効率：計数法 $0.4\mu m$ 40〜70%）も設けること。
- 室内全体を同一室温にするのは無理があり，また無駄である。作業員の居る空間のみが作業上差し支えない温度であればよい。「置換換気システム」は正にそれを狙ったものである。
- スポット空調を設ける場合は，作業員へのヒートショックを考慮し，吹出口を可動できるようにしておくこと。また，吹出口は輻射熱で結露するので，食材の通路には注意すること。

3.2.2 仕分室

1) 要求条件

	居室	乾球温度	相対湿度	気流	室圧	外気取入	外気除塵	外気温調
仕分室（常温）	○	D/B17～28℃	成行	0.5m/sec 未満	±	作業員分	中性能フィルタ	有り
仕分室（チルド庫）	○	D/B10～18℃	成行	0.5m/sec 未満	±	作業員分	中性能フィルタ	有り

2) 計画のポイント

仕分室（常温）

・盛付包装室と製品保管庫（常温）との行き来が発生するが、盛付包装室は仕分室（常温）より低温、製品保管庫（常温）は同室温のため、扉開閉による負荷は見込まなくてよい。

・盛付包装室へ空気が入り込まないように第一種換気とすること。

・換気回数は作業員分の新鮮外気が取入れられていればよい。製品は既に包装済であり、そこからの臭気は生じにくい。

・外気導入にはラフフィルタ（粉塵補修効率:重量法70～90%）を設けた上で、中性能フィルタ（粉塵捕集効率:計数法0.4μm 40～70%）も設けること。

・温度維持にシビアな室であり、外気温調を必要とする。外気温調をしない場合、室内の温度ムラを助長する。また夏季には、室温と外気温との差により吹出口に結露を生じやすい。冬季は外気が氷点下近くで導入されることにもなるため、そのまま室内に導入すると霧が発生する場合もあり、寒冷地では外気加温を必要とする場合がある。

・空調機はパッケージエアコンとし、室内機は天吊型もしくは床置がよい。

仕分室（チルド庫）

・盛付包装室と製品保管庫（冷蔵庫）との行き来が発生するが、盛付包装室は仕分室（チルド庫）と同室温、製品保管庫（冷蔵庫）は低温のため、扉開閉による負荷は見込まなくてよい。

・盛付包装室へ空気が入り込まないように第一種換気とすること。

・換気回数は作業員分の新鮮外気が取入れられていればよい。製品は既に包装済であり、そこからの臭気は生じにくい。

・外気導入にはラフフィルタ（粉塵補修効率:重量法70～90%）を設けた上で、中性能フィルタ（粉塵捕集効率:計数法0.4μm 40～70%）も設けること。

・温度維持にシビアな室であり、外気温調を必要とする。外気温調をしない場合、室内の温度ムラを助長する。また夏季には、室温と外気温との差により吹出口に結露を生じやすい。冬季は外気が氷点下近くで導入されることにもなるため、そのまま室内に導入すると霧が発生する場合もあり、寒冷地では外気加温を必要とする場合がある。

・空調システムは作業環境に配慮して、「ソックチリングシステム」の採用が望ましい。「ソックチリングシステム」については後述する。

3.2.3 内番重洗浄室

1) 要求条件

	居室	乾球温度	相対湿度	気流	室圧	外気取入	外気除塵	外気温調
内番重洗浄室	○	作業員位置 D/B25℃目標	成行	0.5m/sec 未満	±	局所排気分	中性能フィルタ	無し

2) 計画のポイント

・内番重洗浄機は，洗浄で生じた水蒸気を機器自体から直接排気できる接続口が概ね付けられており，ここから飽和した水蒸気を放出するために，単独系統の排気ダクトを設けること。

・内番重洗浄機メーカーから，洗浄機出入口に局所排気フードの要求がある場合は，フード開口面風速 0.3m/sec 以上の排気フードを設けること。

・フードは二重フード化（図3.4）して，フード範囲以外への熱放出を遮断するのも効果がある。

・内番重洗浄機は外板の断熱が薄いものが多く，輻射熱を感じさせ，そのため，内番重洗浄室には熱気が充満する。他の室，特に盛付包装室への空気侵入が起きないように第一種換気でバランスさせること。

・輻射熱を特に多く感じる洗浄機の場合は，洗浄機そのものを断熱パネルで囲うなどの措置も有効である。

・外気導入にはラフフィルタ（粉塵補修効率：重量法 70～90%）を設けた上で，中性能フィルタ（粉塵捕集効率：計数法 0.4μm 40～70%）も設けること。

・室内全体を同一室温にするのは無理があり，また無駄である。作業員の居る空間のみが作業上差し支えない温度であればよい。

・スポット空調を設ける場合は，作業員へのヒートショックを考慮し，吹出口を可動できるようにしておくこと。また，吹出口は輻射熱で結露するので，内番重の通路上には設けないこと。

3.3 清潔作業区域

清潔作業区域は，冷却庫，盛付包装室がそれにあたる。

3.3.1 冷却庫

1) 要求条件

	居室	乾球温度	相対湿度	気流	室圧	外気取入	外気除塵	外気温調
冷却庫	×	D/B3～5℃	成行		±	なし	-	-

2) 計画のポイント

・加熱調理された仕掛品の冷却は，真空冷却機，ブラストチラーという単体機器で冷却する場合もあるが，室全体を冷却庫とした差圧冷却庫を設ける場合もある。

・差圧冷却庫は仕掛品の下流側から冷風を引っ張って，隅々まで冷風を通風しようとするもの

で，真空冷却機・ブラストチラーより温度ムラなく冷却できる。ただし，被冷却対象物間は，通風できる空間がなくてはならない。
・冷却ユニットは空冷コンデンシングユニットとユニットクーラーでよいが，フロストが生じやすいので，必ず複数系統とすること。
・通風はユニットクーラーに寄らず，別に有圧換気扇を設けるのがよい。

3.3.2 盛付包装室

1) 要求条件

	居室	乾球温度	相対湿度	気流	室圧	外気取入	外気除塵	外気温調
盛付包装室	○	D/B10～18℃	成行	0.5m/sec 未満	+	1回/hr	中性能フィルタ	有り

2) 計画のポイント

・冷却庫と仕分室（常温）（チルド庫）との行き来が発生する。冷却庫は盛付包装室より低温，仕分室（チルド庫）は同室温であるが，仕分室（常温）は常温のため，扉開閉による負荷を見込む必要あり。
・仕掛品・製品が暴露している最も清浄後を要求される室のため，隣室から空気が入り込まないように第一種換気とすること。
・換気回数は1回/hr程度でよい。冷却済の仕掛品・製品であるため，臭気は生じにくい。
・外気導入にはラフフィルタ（粉塵補修効率：重量法70～90％）を設けた上で，中性能フィルタ（粉塵捕集効率：計数法0.4μm 40～70％）も設けること。
・温度維持にシビアな室であり，外気温調を必要とする。外気温調をしない場合，室内の温度ムラを助長する。また夏季には，室温と外気温との差により吹出口に結露を生じやすい。冬季は外気が氷点下近くで導入されることにもなるため，そのまま室内に導入すると霧が発生する場合もあり，寒冷地では外気加温を必要とする場合がある。
・空調システムは作業環境に配慮して，「ソックチリングシステム」の採用が望ましい

4. 特筆すべき換気空調システム

「外気温調システム」，「置換換気システム」，「ソックチリングシステム」について，その概要を紹介する。

4.1 外気温調システム

4.1.1 外気温調システムとは

外気温調システムとは，外気処理システムの一部で，外気処理というとフィルタリングも含ま

れるが,外気温調というと取入れた外気温を温調することを指す。

温度を上昇させる場合は,蒸気あるいは温水または冷媒,温度を降下させる場合は,冷媒または冷水が用いられ,何れも間接加熱コイルを使用することが多い。

4.1.2 外気温調システムの必要性

これは外気温による外乱を,そのまま室内に持ち込まないための措置である。

食品工場室内の要求温度は,最近特に中温度帯を要求されることが多く,その場合D/B10〜18℃を要求される。一方,外気は地球温暖化の影響をそのまま受け,年々上がる傾向にある。このエンタルピーの高い外気をそのまま室内に導入すると,安定を要求される室内温度がブレてしまうため,室内温度程度まで冷却するのが適切である。

また,寒冷地では外気が氷点下になる場合があり,この場合は室内温度が下がり過ぎるだけでなく,吹き出し口から白煙を生じることもあり,同様に室内温度程度までの加熱が適切である。

例えば東京の場合,一般的な設計基準では,

(通年)室内乾球温度・相対湿度・比エンタルピー:D/B15℃・RH80%, 36.5kJ/kg
(夏季)外気乾球温度・相対湿度・比エンタルピー:D/B32.6℃・RH63%, 84kJ/kg
(冬季)外気乾球温度・相対湿度・比エンタルピー:D/B-1.7℃・RH63%, 1.5kJ/kg

であり,夏季は実に17.6℃,冬季は16.7℃差もあり,比エンタルピーも同様に相当な差となり,何の温調もせずにそのまま室内に導入するのは不適切なことがわかる。

4.1.3 外気温調の方法

外気温調の方法は色々あり,空気−空気の熱交換としては,全熱交換器,顕熱交換機,空気以外−空気の熱交換としては,プレートファンコイル,デシカント空調がある。

1) 全熱交換器

顕熱と潜熱の同時交換が行える。そのため,水蒸気は排気から給気に移行する。オイルミストなどの粘着物質が排気内にある場合は内部に目詰まりを起こす危険性あり,使用しない方が無難である。

また,外気と排気の空気条件を空気線図上にプロットし,それを線分で結んだ時に飽和線と交わる場合は,機内が結露するか霜が生じるので,外気側を予熱する必要がある。

食品工場は室内に塵埃・水蒸気が生じているため,全熱交換器は事務・厚生エリアで用いる程度としたい。

2) 顕熱交換器

全熱交換器と違い,潜熱(水分)の移行は生じないので,単なる熱交換器と考えればよい。

顕熱を与えるのみであるから,冬季の加温に用いることができ,その場合,排気側を洗浄でき

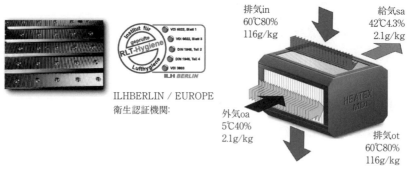

図 4.1 洗浄できる顕熱交換器（MDI 株式会社）

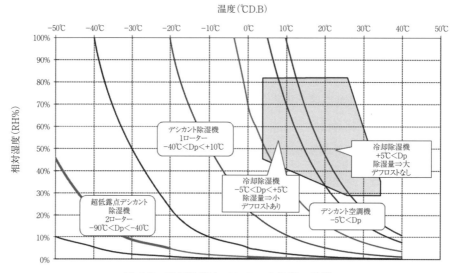

図 4.2 冷却除湿とデシカント除湿の特徴

るようにする必要があり，**図 4.1** が市販されている。

3) プレートフィンコイル

　プレート型フィンをチューブに固定し，管内側を冷媒・冷温水・蒸気，管外側に空気を流して熱交換する。顕熱のみの交換のため，冬季の外気加温に向いている。夏季は外気の温度降下はもちろん考慮するとして，温度降下させた後の絶対湿度に気をつけないと，室内を連続的に加湿することになり，中温以下の室は結露を招く恐れがある。その場合は，室内要求条件の露点温度まで冷却する必要がある。

4) デシカント空調

　デシカントとは，乾燥剤・除湿剤を意味する。プレートフィンコイルなどの従来方式の外気温調は冷媒もしくは冷温水をコイルに流して，冷却時は空気中の水分を結露させることによって冷却・減湿するが，デシカントは乾燥剤によって空気中の水分を直接除去し，その後顕熱のみを除去して低湿度の給気を行えるようにしたものである。

両者の使い分けは，プレートフィンコイルで室内要求条件の露点温度がどの程度かにより，その選択は，**図4.2**より選定するとよい。

4.2 置換換気システム
4.2.1 置換換気システムとは
置換換気システムとは，室内の発熱体により発生する空気の上昇気流を換気の駆動力とする換気システムである。室内の生産設備や人体の発熱により，その上部にはサーマルプルームという上昇気流が生じる。室内の汚染物質の温度が室内空気温度より高い場合，汚染物質はその上昇気流に乗って上昇し，それを排気し，その分の新鮮外気を導入することで換気できる。

4.2.2 置換換気システムの特徴
① 居住域のみを対象としたシステム：全体換気のように室全体を対象としておらず，居住域のみの負荷を取り除けばよいので，省エネルギーになる。
② 汚染空気との混合がないシステム：室内温度よりやや低い温度の空気を床面近くから低速で給気することで，サーマルプルームの力で新鮮外気が汚染空気を押し上げるように空気を入れ替えるため，汚染空気との混合が起こらない。
③ ドラフトを感じないシステム：全体換気のように室内空気と導入外気との混合をしないので，導入外気は室温よりやや低い程度でよく，冷風を感じにくい。

4.2.3 食品工場での採用のメリット
食品工場は生産設備機器の発熱量が多く，またその熱気対策で天井も高いため，サーマルプルームを生じやすく，置換換気システムに最も適した建物と言える。

図4.3と**図4.4**に排気フードが設けられない加熱調理室での改善前，改善後の概要を示す。

これは製餡工場の例で，煮炊き釜上に全くフードがなく（天井にホイストがあったのでフードが取り付けられない），新鮮外気を天井面から導入し，排気を天井面と何故か床面の外壁から行っていた。当然室内は猛烈な蒸気と熱気で過酷な作業環境であり，かつ作業員の立ち位置にスポットクーラーからの吹き出し口がついていたが，逆に天井面の熱気を作業員に下ろしてしまうような状態であった。

改善は，新鮮外気そのままの吹き出しを床面から低速で行い，床面外壁の排気口は閉鎖し，全て天井面での排気に変更した。スポットクーラーも取り止めた。これにより，居住域は外気温+5～7℃程度となり，外気そのままでも相当な効果を得ることができた。

食品工場以外では，天井の高い空間，例えば倉庫，スーパー，劇場などに向いており，逆に天井の低い一般事務室などには向いていない。

特論　食品工場の空気管理のための建築・設備計画の考え方

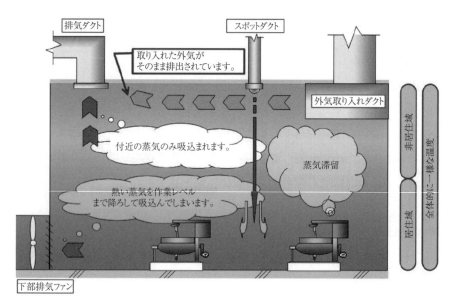

図 4.3　加熱調理室換気改善前

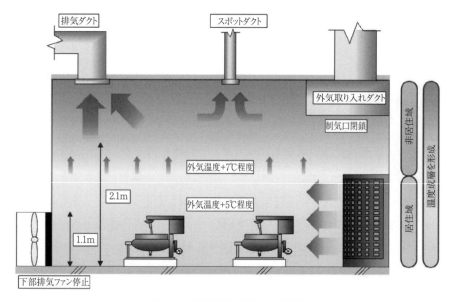

図 4.4　加熱調理室換気改善後

4.2.4 食品工場での採用例

4.2.3の例の平面図を**図4.5**に，効果を**図4.6**に示す。

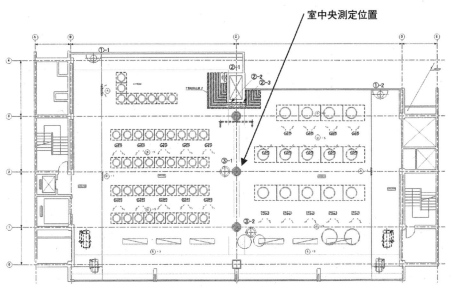

図4.5 置換換気適用例平面図

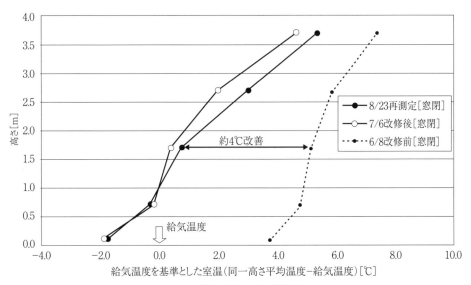

図4.6 改修前後の上下温度分布

4.3 ソックチリングシステム

4.3.1 ソックチリングシステムとは

ソックチリングシステムとは，筒状の特殊な布製フィルターにより，従来の強制対流方式の空調から，自然対流の静かでしかも温度ムラもない，衛生的な空間を造り出すシステムで，1990

年代から徐々に普及し，今ではポピュラーなシステムになっている。

図4.7に概要図を示す。このように布製フィルタが天井下に露出しているのが見掛けの最大の特徴と言える。

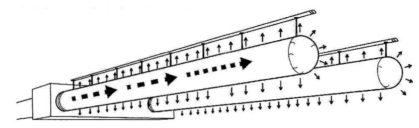

図4.7　ソックチリングシステム概要図

4.3.2　ソックチリングシステムの特徴

① 体感的にほぼ無風：布製フィルタ（ソックフィルタ）全面から均一に微風（0.1m/sec）が出て，冷気と室内空気の比重差で自然対流が生じ，作業者にコールドドラフトを感じさせない。また，ソックフィルタからの吹出風速が緩やかなため，気流音が生じない。

② 発塵がない：ソックフィルタは，PP（ポリプロピレン）製のフィラメント糸を使用しているため，発塵が生じない。クリーンルーム内（クラス100）での使用実績あり。**表4.1** 参照。

③ 吸水しない：吸水率0%のため，真菌の発生がない。

④ 結露しない：ソックフィルタ全面から微風がでているため，布地の結露は生じない。

⑤ 異物を補足する：集塵能力が高く，クリーンルームでの適用例もあり。**表4.2** 参照。

⑥ 取付取外し容易：ソックフィルタは布製のため，軽く，バンド止めのため，取外しは容易。

⑦ 洗浄再利用可能：ソックフィルタは十数回の水洗いが可能。家庭用洗濯機での洗濯も可能。

⑧ 防炎性能あり：適正特殊難燃糸使用のため，消防法施工規則第4条の3第4項，第7項の基準に準拠。

表4.1　ソックフィルタ発塵テスト結果

塵埃サイズ	μm	0.3	0.5	1.0	2.0	3.0	5.0	10.0
ソックフィルタ1次側	個/0.1CF	0	0	0	0	0	0	0
ソックフィルタ2次側 型式：P-405，目の粗さ：最大	個/0.1CF	1	0	0	0	0	0	0
ソックフィルタ2次側 型式：KO-30，目の粗さ：大	個/0.1CF	3	1	0	0	0	0	0
ソックフィルタ2次側 型式：KO-15，目の粗さ：中	個/0.1CF	4	0	0	0	0	0	0
ソックフィルタ2次側 型式：KO-6，目の粗さ：小	個/0.1CF	7	3	0	0	0	0	0

表 4.2　ソックフィルタ集塵テスト結果

塵埃サイズ	μm	0.3	0.5	1.0	2.0	3.0	5.0	10.0
外気大気塵	個/0.1CF	1,872,478	661,101	158,839	24,418	5,675	1,016	216
ソックフィルタ2次側 型式：KO-30，目の粗さ：大	個/0.1CF	1,879,164	621,288	136,184	16,762	3,172	460	92
	捕集率：%	0.0%	6.0%	14.3%	31.4%	44.1%	54.7%	57.4%
ソックフィルタ2次側 型式：KO-15，目の粗さ：中	個/0.1CF	1,698,175	474,778	88,243	9,633	1,734	246	35
	捕集率：%	9.3%	28.2%	44.4%	60.5%	69.4%	75.8%	83.8%
ソックフィルタ2次側 型式：KO-6，目の粗さ：小	個/0.1CF	1,801,660	407,725	66,659	7,220	1,328	165	15
	捕集率：%	3.8%	38.3%	58.0%	70.4%	76.6%	83.8%	93.1%

4.3.3　中食工場での採用のメリット

中食工場・クリーンルーム以外でも，食品関連では，冷凍庫・冷蔵庫に使用例あり。微風のため，庫内温度の均一化，保存品の水分蒸発減，ユニットクーラーフィンの錆の飛散防止に役立っている他，ソックフィルタを伸ばせば，ユニットクーラーを千鳥に配置する必要が無くなることから，冷媒配管長を短縮できる効果もある。

図 4.8 に肉加工室，**図 4.9** に冷凍庫での使用例を示す。

図 4.8　肉加工室での使用例

図 4.9　冷凍庫での使用例

4.3.4 ソックフィルタのバリエーション

ソックフィルタの布地は目地の粗さにより4つのバリエーションがある。**表 4.1**，**4.2** 参照。これを使用する空調機・ユニットクーラーの風量と機外静圧で選択する。一般的に食品工場で問題になる落下菌は 5.0〜15μm の塵埃に付着して浮遊しているため，このサイズの塵埃を補足すると落下菌の大幅減をもたらせる。

4.3.5 中食工場での採用例

下記（**図 4.10**）に中食工場での採用例を示す。

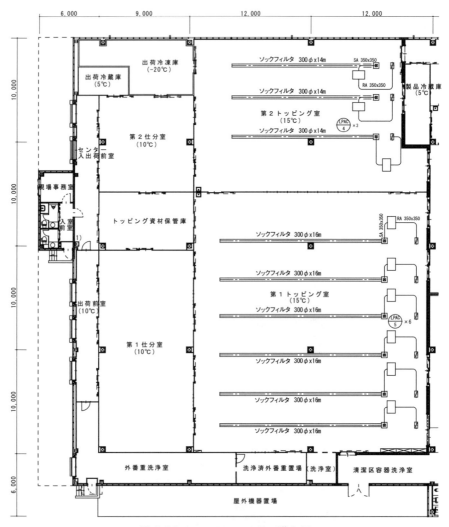

図 4.10　ソックフィルタの導入例

5. おわりに

　ここまで，換気空調設備計画の前に考えるべきこと，作業エリア別室内条件とその理由，作業エリア別換気空調計画のポイント，について順に述べてきた。食品工場の空気管理をする上で，空気のみに焦点を当てても改善は難しい。換気空調設備は建築物に影響を及ぼす外乱と内部負荷から設計を行うが，食品工場の場合は，内部環境が一般の建築物と作業内容が全く異なり，その作業の行われ方も工場によって相当に異なる。

　また既存工場の場合，動線やゾーニング，内装が作業環境に適していない例も多く，そのような場合，それを与件として換気空調設備を設計すると，過大な設備となってランニングコストが増大したり，メンテナンスが大変な設備になりかねない。したがって，空気管理に何らかの問題を抱えている場合，先ずは「1.換気空調設備計画の前に考えるべきこと」，特に「1.3 内部環境を維持するために必要なことは」の内容を確認いただき，その改善を先に行われることをお勧めする。

　これらのことがハザードを減らし，HACCP を構築しやすくすることは言うまでもない。

■編　集
NPO法人　HACCP実践研究会　空間除菌部会

■執筆者紹介（執筆順）
＜第1章＞
宮地洋二郎　NPO法人HACCP実践研究会　理事・幹事
　　　　　　日本無機株式会社　技術顧問

＜第2章＞
藤井　明博　F・H・S株式会社　代表取締役
佐藤　懇一　F・H・S株式会社　HACCP担当顧問

＜第3章＞
高橋　紘　株式会社ピースガード　技術顧問

＜特　論＞
野々村和英　中央設備エンジニアリング株式会社
　　　　　　執行役員　エンジニアリング本部長　兼　広報室長代行

食品工場の空間除菌　製造室のカビ・酵母対策

2017年5月15日　初版　第1刷発行

編著者　NPO法人　HACCP実践研究会
　　　　　　　　　　　　　空間除菌部会

発行者　夏野雅博
発行所　株式会社　幸書房
　〒101-0051　東京都千代田区神田神保町2-7
　　　　　　　TEL03-3512-0165 FAX03-3512-0166
　　　　　　　URL　http://www.saiwaishobo.co.jp/

装　幀：(株)クリエイティブ・コンセプト（江森恵子）
印　刷：平文社

Printed in Japan.
Copyright 2017. NPO Society for the Study of Practice-HACCP
・無断転載を禁じます．
・Jcopy ＜(社)出版社著作権管理機構　委託出版物＞
本書の無断複写は著作権法上での例外を除き禁じられています。複写される場合は，その都度事前に，(社)出版社著作権管理機構（電話 03-3513-6969, FAX 03-3513-6979, e-mail : info@jcopy.or.jp）の許諾を得てください。

ISBN978-4-7821-0414-9 C3058